Friend & Foe

When to Cooperate, When to Compete,
and How to Succeed at Both

朋友與敵人

哥倫比亞大學 ✕ 華頓商學院聯手

教你掌握合作與競爭之間的張力，
當更好的盟友與更令人敬畏的對手

Adam Galinsky & Maurice Schweitzer
亞當·賈林斯基、莫里斯·史威瑟
著

許恬寧
譯

賈林斯基：

本書獻給我的父母大衛與梅達，他們教我常與人合作，還教我有效競爭，並在合作與競爭之中找到正確平衡。

史威瑟：

本書獻給我最好的朋友蜜雪兒與過世的祖父亞瑟，他們教會我不論發生什麼事，永遠能找到平衡。

CONTENTS

REVIEW

各界好評

你紅，朋友就認識你；你潦倒，你就認識朋友。本書將朋友與敵人，從競爭、合作、領導、賽局等不同角度切入，讓我看得欲罷不能、回味無窮。

——謝文憲｜

企管講師、作家、主持人

本書以趣味橫生的方式探討合作與競爭的本質，找出為什麼我們會和自己的臉書朋友做比較，為什麼性別差異其實源自權力差異，以及為什麼談判時第一個出價通常比較好。

——亞當・格蘭特 Adam Grant｜

《給予》（*Give and Take*）作者

　　兩位最受敬重的成功學學者解釋如何才能既合作又領先他人。本書有憑有據又有趣，相當實用！

　　　　　　　　——安琪拉‧達克沃斯 Angela Duckworth｜

　　　　　　　　《恆毅力》（Grit）作者

　　好久沒讀到如此精彩的社會科普類書籍，這本書提供太多深入見解與聰明建議，我筆記做得好累！

　　　　　　　　——丹尼爾‧品克 Daniel H. Pink｜

　　　　　　　　《動機，單純的力量》（Drive）作者

　　這是一本充滿實用資訊與精彩見解的寶庫。我們全都得合作與競爭雙管齊下才能成功，本書提供絕佳建議！

　　　　　　　　——羅伯特‧席爾迪尼 Robert B. Clialdini｜

　　　　　　　　《影響力》（Influence）作者

　　這本書會讓你變成更棒的同事、更厲害的談判者，以及更好的人。

　　　　　　　　——貝瑞‧史瓦茲 Barry Schwartz｜

　　　　　　　　《我們為何工作》（Why We Work）作者

要不是我已經是社會科學研究者，讀這本書會讓我立志從事這一行。本書講我們的思考與行為如何受合作與競爭之間的張力影響，讓人想一口氣讀完。

——艾美‧柯蒂 Amy Cuddy｜

《姿勢決定你是誰》（*Presence*）作者

何時該合作，何時該競爭，不同研究常有不同說法，作者賈林斯基與史威瑟精彩地加以整合，提供所有人都能運用的實用建議。

——奇普‧希思 Chip Heath｜

《創意黏力學》（*Made to Stick*）共同作者

令人大開眼界的精彩讀物，介紹我們該如何遊走於複雜社會，內容有詳實的研究，也有趣味十足的真實世界故事。這是一本娛樂性十足的獨特指南，引導我們在職場、在家裡、在生活中改善關係與解決衝突。

——班‧梅立克 Ben Mezrich｜

《Facebook》（*The Accidental Billionaires*）作者

十分精彩的一本書——提供大量趣味十足與令人讚嘆的研究探討，讀者絕對能從中獲得指引。本書不但集合麥爾坎・葛拉威爾（Malcolm Gladwell）與《蘋果橘子經濟學》（*Freakonomics*）的最佳元素，也和自我成長類商管書一樣實用。

——史考特・史塔索 Scott Stossel｜
《我的焦慮歲月》（*My Age of Anxiety*）作者

本書充滿引人入勝的故事與最新科學研究，有趣又實用，教我們用創意處理日常生活中的矛盾。

——琳達・鮑柏克 Linda Babcock｜
《女人要會說，男人要會聽》（*Women Don't Ask*）作者

本書新鮮實用的見解，讓人看到將研究成果散布到象牙塔外的好處。兩位作者幫了我們大家一個大忙，掀開學者蓋在與社會大眾最息息相關的研究上的面紗。

——《紐約時報》（*New York Times*）

兩位作者提供新鮮有趣又經常違反直覺的例子……完成本書是個困難任務，協助讀者同時成為有力盟友與難纏對手，若無法

依據情勢遊走於競爭與合作之間，註定會失敗。

——《金融時報》（*Financial Times*）

領導者不必釋權，也能打造人人彼此信任的環境……兩位作者分享了數個如何靠小步驟就能辦到的實用範例。

——《企業雜誌》（*INC*）

有權有勢的人士，是否都帶著一點川普先生（Trump）的性格？在讀賈林斯基與史威瑟的這本新書時，一直想到這個問題。兩位學者是研究讓人們有老大心態的「權力促發」先驅，他們發現，一旦被促發權力感，就連最拘謹的人，行為都會產生極大變化。

——《經濟學人》（*The Economist*）

本書會讓所有執行長與員工重新思考彼此的關係。

——《商業教育雜誌》（*Biz Ed Magazine*）

兩位作者運用目前的社會學與心理學研究成果，加上自己的原創研究，探討各式情境，像是如何贏得信任、如何識破謊言

（包括為什麼杜鵑鳥是欺騙大師），以及「知己知彼，百戰百勝」的道理。本書提供新鮮有趣的故事，雖然是探討科學研究，卻相當好讀。此外，書中不時提供條列式重點與簡明扼要的章節摘要，協助讀者快速抓到重點。

──《成功雜誌》（Success Magazine）

本書提供大量實用建議，不論是一般大眾，或是對企業指引求知若渴的讀者，都會感興趣。

──《圖書館雜誌》（Library Journal Review）

真的、真的、幫上大忙的一本新書！

──歐普拉網（Oprah.com）

INTRODUCTION
前言

　　1996 年聖誕節前一週，晚間 8 點 20 分，祕魯首都利馬戒備森嚴的日本大使館庭院圍牆被炸開一個洞，煙霧尚未散去，十四名圖帕克・阿馬魯革命運動（MRTA）游擊隊員便一湧而上，幾分鐘內，官邸所有人淪為人質。

　　日本大使那天晚上招待六百名達官貴人，祕魯國會議員、最高法院大法官、警察總長，全是座上嘉賓。

　　祕魯日裔總統阿爾韋托・藤森（Alberto Fujimori）這下遇上空前危機。藤森 1990 年上台時，打擊圖帕克・阿馬魯革命運動大有斬獲，然而，1996 年祕魯景氣衰退，物價上揚，許多人民開始不信任政府。大使館發生人質事件當晚，藤森的支持率驟降至 38％，除了政治生涯陷入危機，更糟的是，他的母親與弟弟也在人質之列。

消息漸漸流出，游擊隊全副武裝，機關槍與反坦克武器一應俱全，他們在大使館所有房間裝上炸彈，屋頂也沒漏掉。大使館四周是高三・六五公尺的圍牆，窗上設有防彈玻璃和鐵條，建築物門板還能防手榴彈，游擊隊等於占據絕佳防守地點。

似乎所有牌都在游擊隊手上。游擊隊開始提出要求，政府必須釋放四百五十名圖帕克・阿馬魯革命運動成員，進行市場改革，改善祕魯監獄生活條件。

談判似乎是解決這場危機唯一的辦法。軍事行動看起來勝算不大，而且藤森總統同時要面臨國內外要求和解的龐大壓力。包括日本首相橋本龍太郎在內的多位領袖公開要求藤森與游擊隊談判，讓他們平安釋放人質。

藤森面臨兩難，他可以與歹徒談判，商量出化解這次危機的辦法，也可以攻擊大使館，與對方競爭。雖然兩條路都有重大缺點，眾人爭執的重點放在二擇一：要像朋友般合作，還是有如敵人般競爭？

我們平日在家中與工作上的許多互動，都充滿競爭與合作的張力。想擁有美滿生活與事業，就得了解既競爭又合作的時機與方法。不論是董事會的談判桌，或是和孩子共進早餐的餐桌，我們最重要的人際關係，常讓我們碰上似乎有兩個相反解決辦法的挑戰。然而大部分的情況，我們其實不該問究竟該合作，還是該競爭，我們最重要的人際關係不是二擇一的選擇題，而是同時又競爭，又合作。

人生不是只有合作一條路，也不是只有競爭一條路。合作與競爭常同時發生，我們必須靈活遊走於兩者之間，明白如何處理兩方之間的張力，將能更深入理解人性。本書要探索這樣的張力，並且提供建議，讓大家知道何時該競爭，何時該合作──以及如何以更好的方式雙管齊下，讓自己在職場、在家中都能得到更圓滿的結果。

如何解決競爭與合作帶來的兩難局面？讓我們回到祕魯藤森總統的例子。他並未陷入要友好還是該對抗的兩難之中，而是讓兩種策略並行不悖。

藤森總統在危機期間，公開表明自己將採取合作策略。為了讓談判達成協議，他先是飛抵加拿大與日本首相會面，接著又到古巴會晤領導人卡斯楚（Fidel Castro），再來又抵達倫敦，公開表明自己的目標是找到願意庇護圖帕克·阿馬魯革命運動成員的國家。危機進入第四個月時，藤森依舊表示：「除非發生無法控制的緊急事件，我們不考慮動用武力。我們不認為會發生這種局面。」

　　藤森總統不僅公開表明自己的合作意圖，還積極參與談判，邀請加拿大大使、大主教、紅十字會官員等具公信力的人士組成談判團隊，開放談判議題，討論釋放囚犯的選項，甚至提供游擊隊古巴與多明尼加共和國的庇護。藤森的談判十分成功，游擊隊釋放數百名人質，甚至允許記者造訪現場。

　　然而，合作只是藤森總統對外的公開計畫。危機發生後，他同時祕密召集軍隊與情報單位首長，暗中討論武力解決方案。危機發生的四個月期間，軍方偷偷將迷你收音機、麥克風與攝影機等裝備，藏在送給人質的書籍與遊戲中。此外，軍方還得知，游擊隊雖然白天與晚上大部分的時間都嚴密防守，但他們中午過後會在戶外踢足球──此一情報對於藤森政府後來採取的競爭策略來說十分關鍵。

　　藤森政府從人質危機一發生，就在大使館旁全天播放吵雜的音樂，舉行震耳欲聾的坦克演習。表面上看來，政府弄出那麼大動靜是為了擾亂游擊隊，展示武力使他們心生畏懼。不過事實上那些聲響是為了掩護一項祕密行動：藤森政府預備挖一條長一百七十公尺的地道通往大使館。同一時間，藤森總統在遠處的海軍基地複製出日本大使官邸，訓練特種部隊進行突襲。

　　經過四個多月的談判，談判人員取得重大進展，就連加拿大大使都斷言雙方即將握手言和，不過同一時間，藤森政府完成軍事部署，準備採取行動。

　　1997 月 4 月 23 日，大使館內的游擊隊還是和平日一樣，正在踢足球打發時間，祕魯軍方引爆三處炸彈，三名游擊隊員喪命。突擊隊從炸開的洞口魚貫而入，通過大使館前門，走上樓梯，繞至建築物後方。事件落幕後，除了一名人質與兩名士兵犧牲，十四名挾持大使館的游擊隊全員喪命。

　　藤森總統騙過圖帕克・阿馬魯革命運動游擊隊，假意合作，爭取到部署高風險競爭行動的時間，最終取得上風。藤森總統損失兩名士兵，不過並未對游擊隊的要求做任何讓步，而且除了一人外，館內尚未獲得釋放的七十二名人質全數獲救。

───────────

　　人類天生會合作，也會競爭。有時我們是真心誠意合作，希望奠定長久合作的基礎，有時則無視他人死活，卯足了勁全力競爭。就算是和同一人互動，我們也有時合作，有時競爭。

在中東，地毯店的客人和老闆會為了殺價爭得面紅耳赤，但老闆一開始也一定請上門的客人喝茶，展現合作態度。世界各地做生意都一樣，少不了你來我往，送點禮物，唱唱卡拉 OK，吃頓飯。本書要探討的關鍵觀念是，不論在職場，或是在家裡，我們永遠在與人競爭，也在與人合作，而且經常是雙管齊下，既競爭又合作。

究竟是競爭心強比較好，還是與人為善比較好，兩派說法吵得凶，不過本書主張這類爭論不符合現實情形。只看合作，忽視了人類愛競爭的天性；同樣的，只看人類自私自利的一面，則錯失團結合作的好處。

如同祕魯人質危機，如果要在最複雜的人類互動中勝出，不能將競爭與合作視為二擇一的問題。本書將協助大家以更聰明的方式決定何時該合作、何時又該競爭。

找出人類是如何在競爭與合作中取得平衡後，你就能掌握人性，走遍世界都能有最好的工作表現，外加獲得幸福的人際關係。

找到正確平衡

人之所以既競爭又合作，其實有三個基本原因：第一、資源稀缺性；第二、人類是社會性動物；第三、人類社會是不穩定的動態系統（統計學者會稱之為「隨機」）。接下來先解釋一下本書如何看待這三股力量。

資源稀缺性

我們活在資源有限的世界。在過去，個人及後代能否存活，要看是否有能力取得資源。現代人的社會地位，以及我們感覺自己是否快樂，很多時候也要看手中握有多少資源。

資源稀缺性會引發競爭，而且競爭通常一觸即發，看民眾在節日時如何大搶購就能想像那種情形。

在美國，感恩節隔日被稱為「黑色星期五」，原因是當天是民眾的年度大採購日，零售業者銷量激增，帳面是黑色，代表著大發利市。然而 2008 年 11 月第四個星期五，「黑色星期五」有了不同意涵。那一年從感恩節晚上一直到星期五清晨，一群郊區購物者為了搶特價商品，聚集在沃爾瑪超市紐約谷溪分店。店家

打出廣告，當天將在早上五點開門，提供限時大特價，部分商品
下殺至一・四折。

　　一群購物者守候在店外。也不過幾小時前，他們剛吃完感恩
節大餐，慶祝美國的合作傳統，但是為了搶特價商品，他們一夜
之間化身為不守秩序的暴民，清晨三點半時，店家不得不請警方
到場控制混亂場面。到了預定的開門時間，群眾開始鼓噪：「擠
進去！擠進去！」一名顧客貼出「閃電戰從這裡開始」的海報。
店員為了維持秩序，排成人牆，但毫無用處。

　　兩千名顧客直接拆下超市的大門，衝進店內，撞開店員，爬
過他們身上。幸運的員工爬上販賣機逃過一劫，然而幾個小時前
才剛和異父姊姊過完感恩節的狄麥泰・達摩爾（Jdimytai Damour）
沒那麼幸運，被眾人活活踩死。達摩爾的悲劇並非特例，每年的
感恩節黑色星期五，社會都籠罩在陰影底下，例如《哈芬登郵報》
（*Huffington Post*）2013 年 11 月 29 日的頭條是〈節日精神：開槍、
砍人、鬥毆〉。

　　黑色星期五的搶購讓人看到資源短缺時，合作精神可能一下
子消失。然而，資源稀缺雖然帶來競爭，但要取得稀缺資源，最
好的辦法通常是合作。換句話說，若要保有稀有資源，我們得在
瞬息萬變的社會靈活運用手腕，同時靠著競爭與合作勝出。

社會性

人類天生是社會性動物，在演化過程中大腦變大、變複雜，有辦法處理複雜的人類社交網絡。

人類的社會連結與認知功能緊密結合，如果缺乏社交，甚至無法心智健全。以最重的折磨──單獨監禁為例，古代的獄卒已經知道，缺乏社會連結遠比刑求痛苦。人類有辦法忍受高度的皮肉之苦，但只要與世隔絕三天，就會出現幻覺、暴怒，最後陷入萬念俱灰。就算只是短時間的社會孤立，也會造成極度渴望與人接觸，通常還導致無法重新適應社會互動。

社會連結對人類的生存與幸福感來說太重要，因此我們除了願意合作，以求建立人際關係，還會搶朋友，而且通常兩者一起進行。例如我們會講八卦，透過分享聳動細節與朋友建立連結，不過在此同時，被八卦的當事人可能成為敵人。另一個例子是舉辦節日派對時，主辦人會比誰出席了自家活動。就連社群網站也能觀察到搶朋友的競爭現象，例如大家比誰加的朋友多、誰的追蹤者有多少，誰得到最多「讚」、誰的文章被轉貼最多次。

不過，社交排擠也帶來合作，例如中學生的小圈圈、大學兄弟會與鄉村俱樂部充分運用人性，靠著只讓特定人士加入與排擠他人，凝聚出團體忠誠感，以及持久的社會連結。

不穩定的動態

我們生活在不穩定的動態世界，資源可能一下子消失，人際關係也可能一下子中斷，小事就能讓人們從願意合作，瞬間燃起競爭心，例如得知別人的薪水就是一例。

資源稀缺、社交渴望、不穩定的動態，三股力量交織在一起是什麼情形？看肯亞的格氏斑馬就知道。普林斯頓大學丹‧盧本斯坦（Dan Rubenstein）的研究顯示，關鍵資源稀缺將高度影響斑馬的基本社會關係。盧本斯坦研究的例子是缺水。在氣候極度乾燥的地方，格氏斑馬同伴關係一般短暫又不穩定，然而如果突然間水源豐沛，不再需要搶水，格氏斑馬就會變得合群，社會關係穩定。

不論是人類或動物，手足之間很明白前述三大基本元素如何同時帶來競爭與合作。兄弟姊妹通常是最同心協力的一群人，我們形容人與人之間的情誼，會說「四海之內皆兄弟」。然而另一方面，手足也是最競爭的一群人，例如我們也有「兄弟鬩牆」等成語。兄弟姊妹同時是我們的朋友，也是我們的敵人。

　　許多嬰兒在弟弟妹妹還沒出生時，就已經在和他們競爭。怎麼說？答案和母乳有關。餵母乳會抑制排卵，因此嬰兒如果讓媽媽餵母乳越長的時間，就能讓弟弟妹妹晚點來到世界，占據母親更多關注。手足之間不只搶食物與物質獎勵，還會搶父母的關愛等稀缺資源。

　　兄弟姊妹會互搶資源，然而共同的基因與同族意識，也帶來強大的合作。例如研究發現，地松鼠會表現出驚人利他行為。看見掠食者靠近其他地松鼠，牠們會尖叫引開敵人，靠著讓自己陷入危機來解救同胞，充分展現利他主義精神。不過有趣的是，地松鼠引開敵人的尖叫聲分貝要看親疏遠近，如果是兄弟姊妹有危險，牠們叫得最大聲。

　　兄弟姊妹因為一起長大，相知甚深，特別能理解彼此的感受，但也最有能力折磨彼此。

　　要找人類反反覆覆，一下子合作、一下子競爭，最明顯的例子，可以看政壇。二戰期間，各國的關係不斷變化，蘇聯與德國在 1939 年戰爭前夕組成合作聯盟，達成互不侵犯協議，甚至談好如何劃分兩國在北歐與東歐的勢力範圍，然而事隔不到兩年，合作協議便瓦解，德國在 1941 年入侵蘇聯。

美國與日本的例子正好相反，一下子化敵為友。美國在 1945 年二戰尾聲，轟炸日本六十七座城市，還在廣島與長崎投下核彈，造成浩劫，慘烈程度讓日本主事者決定投降。幾天後，麥克阿瑟將軍（Douglas MacArthur）便帶領同盟國占領日本。麥克阿瑟將軍接掌一切後，立刻轉向合作，禁止在日美軍騷擾日本人民，甚至不准美軍吃任何珍貴的日本食物，採取復甦日本經濟的占領方針。美國這一轉向，讓仇人變成堅定盟友。

本書將從新角度思考合作與競爭之間的張力，探討「資源稀缺性」、「社會性」與「不穩定的動態」三股力量如何深深影響著我們，每個人有時扮演友人的角色，有時又扮演對手。我們將從心理學、經濟學、社會學、政治學等社會科學研究著手，還探索動物研究，讓大家看到競爭與合作之間的張力是原始天性。此外，我們也從神經科學近日的發現著手，揭曉那樣的張力深植於人類大腦。

每一種關係都同時包含合作與競爭的可能性，我們不能一心只想合作，也不能一心只想競爭，得同時做好迎接兩者的準備。了解人與人之間同時是友也是敵之後，就能進一步掌握人性，還能知道如何在工作、在自己的團體，以及在家中更成功。

　　本書將揭曉敵友張力的基本面向，回答令人好奇萬分的問題，例如為什麼我們最親的人，也最有能力傷害我們？為什麼社會有時需要階級制度，有時階級卻是致命傷？為什麼對某些類型的團隊來說，人才少反而是好事？性別差異究竟源自何處？為什麼民眾度假時會讓完全不認識的陌生人睡在自己家中？為什麼教小孩說謊，可以讓他們在社會上更合群？

　　此外，本書還會解釋，避免被貼上種族主義者標籤的做法，如何幫助我們找出創業的正確時機；為什麼在經濟不景氣時進入工作市場，我們反而感到幸運；為什麼我們想當一號候選人，卻想在選秀節目《美國偶像》（American Idol）最後一個上場；以及什麼時候該當第一個在談判桌上出手的人。

　　本書以學術研究與世界各地的例子為證，挑戰現代人對於敵友的諸多假設。

　　各章結尾的「找到正確平衡」一節將提供建議，協助各位在個人與工作關係中如魚得水。本書要教大家如何有技巧地「挺身而進」才不會被推開、如何獲得權力後不會失去，以及如何化弱點為優勢。讀完本書後，各位將會知道如何增進測謊能力，以及如何快速贏得他人的信任。此外，本書還會介紹如何在不免出錯時有效道歉，以及面試新工作時，如何增加出線機率與談出高薪。

要在社會上成功，就得在合作與競爭間找到正確平衡，本書會提供工具協助讀者戰勝瞬息萬變的社會。當我們抓到平衡後，在人生的每一個面向都能學到如何當更好的盟友，以及更令人敬畏的對手。

CHAPTER 1
一切都是比較出來的

多年來，大衛‧米勒班（David Miliband）一直是英國未來首相的熱門人選，然而情勢卻在一夕間翻盤，眼看即將接掌英國的政治明星，甚至無法忍受繼續待在母國……

大衛 2000 年代初期在政壇崛起，擔任過布朗首相（Gordon Brown）內閣的外交大臣等數個重要職位，循著正統政治之路一路往上爬。布朗 2010 年辭去工黨黨魁時，眾人看好大衛是接班人，大衛也的確隔天就宣布參選，十五名國會議員表態支持，呼聲極高。

然而就在兩天後，黨魁選舉出現震撼彈，大衛的弟弟艾德‧米勒班（Ed Miliband）也宣布參選。

黨魁候選人必須贏得絕對多數的支持才能成為新領袖，工黨經過四輪投票後，終於出現取得過半支持的候選人。大衛在第一輪的投票，以 37.78％的支持率，勝過弟弟艾德的 34.33％。第二輪投票時，再度以 38.89％的支持率，勝過弟弟的 37.47％。接著第三輪又以 42.72％打敗弟弟的 42.26％。

大衛在前三輪投票都勝過弟弟，然而差距越來越小，到了最後的第四輪投票，情勢逆轉，艾德勝出，以 50.65％的支持率，打敗大衛的 49.35％。

艾德・米勒班以些微之差，成為新任工黨黨魁。大衛後來繼續在國會任職兩年，不過如他自己所言：「令人不舒服的無窮比較，讓人難以在職業生涯中繼續努力。」2013 年 4 月，大衛離開自己的國家，定居紐約市，遠離弟弟。

我們可以理解為什麼以些微之差落敗，那麼令人難以釋懷。輸的人會忍不住想，要是當初再多那麼一點點，一切就不一樣了。然而，為什麼以些微之差輸給自己的弟弟，更是特別難以忍受？

答案要從「社會比較」下手。「社會比較」是指我們靠著和身旁的人做比較，得知自己的表現。人是社會性動物，天生就會對比自己與他人，兄弟姐妹、鄰居、朋友、辦公室同仁、中學好友、大學室友，統統都是我們比較的對象。

　　依據情境的不同，「社會比較」有時鼓勵我們以更有效的方式合作，有時刺激我們競爭，有時甚至讓我們和大衛‧米勒班一樣，乾脆退出。為什麼會這樣？

　　原因和「社會比較」幾個關鍵概念有關。首先，我們逃脫不了「社會比較」。

　　別忘了，我們身處在不穩定的動態社會，「社會比較」讓我們知道自己當下身處何方，我們靠著和其他人做比較，了解自己目前的表現，也因此我們永遠在尋找「社會比較資訊」。這就是為什麼七億人每天登入臉書，除了分享資訊，上臉書其實也是在看跟朋友比較起來，自己每一件事是贏了還是輸了──誰先結婚？誰工作很順利？誰度過最美好的假期？

　　第二個關鍵概念是，「社會比較」有「向上」與「向下」兩種方向。

　　別人表現勝過我們，我們敬佩他們，這是向上比較。別人比我們差，我們會產生優越感，這是向下比較。我們究竟是向上還是向下比較，深深影響著我們的生活滿意度與動機。敬佩（向上比較）讓我們自覺不如人，但也激勵我們奮發向上。貶抑他人（向下比較）則令我們開心，但也可能造成自大。

　　換句話說，「社會比較」可能刺激我們奮發向上，卻鬱鬱寡歡；也可能讓我們表現不佳，卻自我感覺良好。人生要成功的話，我們得抓到平衡，一方面要有自信，但也要鼓勵自己拿出優秀表現。

　　第三個關鍵概念是，我們可能因為「社會比較」的緣故，太想要贏，也因此會想作弊、想挖敵人的牆角，甚至為了打敗對手而做出一些瘋狂的事。

　　諷刺的是，我們合作最密切的人，也是我們最常拿來和自己做比較的人。我們常拿自己和朋友比，但一比之後，朋友可能變敵人。後文會解釋該如何有效運用「社會比較」，在合作與競爭之間找到正確平衡。

為什麼太太懷孕，先生體重也會增加？

　　我賺的錢夠多嗎？廚房需不需要整修？孩子在學校表現好不好？我需要減重嗎？

　　我們不太可能在不與人比較的情況下回答前述幾個問題，一定得從其他人身上找答案。其他人提供我們衡量指標，讓我們知道自己在社會上身處何方、和別人比起來如何。

　　各位可以想一想自己的體重，是太重？還是剛剛好？一般人回答這個問題時，有意無意間會想起朋友的體重。哈佛醫學院三十二年間追蹤一萬兩千零六十七位民眾的體重，發現如果朋友體重上升，我們體重過重的機率會高 57％！為什麼？因為大腦告訴我們，只要不比朋友莫妮卡或布萊德胖太多，再吃一個甜甜圈沒關係！如果朋友也稍稍發福，我們發胖的身材看起來就不是太離譜。

　　「社會比較」對於體重增加的影響，一個很特別的例子是懷孕期。女性在懷孕期間身體經歷奇妙的轉變，肚子裡有孩子，體重增加很正常，畢竟懷孕是一人吃、兩人補。然而有趣的地方是，男性在妻子懷孕時的身材變化。

　　從生物學的角度來看，沒道理男性的身材會在另一半懷孕期間改變。的確，受孕父親也有功勞，但懷著孩子的不是他們，他們的身體不需要像母親一樣為了迎接孩子而改變。

　　儘管生物學上沒必要，但研究顯示，男性在另一半懷孕期間體重也會大幅增加。一項調查發現，有 25％ 的父親說自己因為體重增加，不得不購買「孕夫裝」。

　　男性體重增加的原因，和「社會比較」有很大的關連。怎麼說？懷孕女性一點一滴增加體重時，另一半會跟著微微失去維持體重的動力，沒那麼在意體重的結果，就是不知不覺中多出幾磅甩不掉的肉。在極端的例子，男性甚至出現女性懷孕症狀，而且確診的例子多到有專有名詞，叫「擬娩症候群」。

不論是我們的體重、薪水或廚房，「比較」讓我們知道自己表現如何。不只是比的方法很重要，「和誰比」也很重要。比完後，我們究竟會想見賢思齊，或只是心情沮喪，要看是跟誰比。

瑜亮情節

《羅密歐與茱麗葉》的開頭說：「門第相當的兩家人……」莎士比亞讓觀眾知道男女主角兩家恩怨的方法，是介紹這兩家豪門有多像。

我們不斷拿別人與自己做比較，但在我們心中，並不是每一個比較都同樣重要。我們會特別看重某些「社會比較」，例如體重增加的研究發現，同性朋友對體重的影響力超過異性朋友。同儕之間相似度越高，我們就越會和朋友比。

大衛・米勒班黨魁選舉輸給弟弟會那麼痛苦，大概是因為弟弟和他太像。兄弟姊妹通常是世上最相像的人，有同樣的父母、同樣的 DNA，而且通常成長方式相同。以大衛和艾德這對兄弟來說，他們除了同父同母，就連人生志向也差不多，兩人都念牛津大學，都是國會議員，都被視為工黨領袖，都積極爭取英國首相大位。兄弟倆實在太像，以至於輸給弟弟讓大衛難以忍受。

米勒班家的瑜亮情節帶來的激烈較量，最終造成哥哥放棄政治。但也有某些例子，手足之爭卻會激發鬥志，讓雙方同時更上一層樓，例如稱霸女子網壇十多年的威廉絲姊妹，維納斯與賽蓮那（Venus and Serena Williams）兩人輪流當世界第一。不過兩人剛開始參加職業賽時，姊姊大威廉絲才是球評一致讚揚的對象，也是選手最怕在場上碰到的對手。

妹妹小威廉絲回憶，早年一直覺得自己不如姊姊，不過，也是因為不願接受第二名的命運，她奮發向上：

> 姊姊是大明星。在我們兩人的成長過程中，大家的目光大多放在姊姊身上──這是當然的，她是非常出色的選手。我身為妹妹，肌肉沒姊姊強壯，球技也還沒她好，然而，就是因為我不如姊姊，我想和她一樣好，我努力打好每一場球。

今日小威廉絲稱霸女子網壇，讓姊姊相形失色。二十四場冠軍爭奪賽中，小威贏十四場，大威贏十場。小威坐擁十八座大滿貫獎盃，大威則是七座。本書寫作之時，小威世界排名第一，大威則是第十八，現在沒有人能說小威不如姊姊。

然而，前文也提過，競爭與合作可能同時發生。威廉絲姊妹是放下姊妹之爭的完美示範，兩人組隊參賽時，創下女子雙打決賽紀錄，二十一勝一負，其中包括 2000 年、2008 年、2012 年的夏季奧運金牌。《時代》（Time）雜誌專欄作家喬許‧桑伯（Josh Sanburn）表示：

> 威廉絲姊妹之間的對抗高度不尋常，令人讚嘆。兩人是史上最優秀的網球選手，生在同一個家庭，還在同一時期打球。不過，兩人雖然在球場上激烈競爭，依舊是感情相當好的姊妹。

大小威廉絲證明，手足可以是最好的朋友，但同時也是最強大的競爭對手。

　　不只手足之間有瑜亮之爭，人與人之間只要有相似之處，競爭就會特別激烈，例如經歷相同的人，特別喜歡拿彼此來做比較。各位是否注意到，同期進同一個產業的同事，通常會變成競爭對手？籃球選手大鳥（Larry Bird）與魔術強森（Earvin "Magic" Johnson）同樣在 1979 年進 NBA，從那時起就不斷拿對方來和自己比。大鳥坦誠：「我每天早上做的第一件事，就是查魔術強森的得分數據，其他的事我完全不在乎。」

　　大學室友與童年好友也是有相同經歷的人，中學與大學同學會變成評比大會，大概也是出自瑜亮心理。每一個參加同學會的人，都是一起長大的人，每一個人都是我們拿來與自己做對比的最佳對象。

　　我們和別人相似的地方，如果正好是我們看重的事，瑜亮情節會特別嚴重。有些技能、有些特質，我們會特別重視，各位可以想一想自己最在乎的事是什麼。你人生的主要目標是賺錢嗎？如果是的話，你大概最容易和別人比戶頭裡有多少錢。

　　當然，A 看重的事，B 可能一點都不在乎。在工程師心中，人生最重要的事，可能是榮獲夢寐以求的工程大獎。對喜愛園藝的人來說，最重要的事可能是種出得獎矮牽牛。對鐵人三項選手來說，最自豪的事，可能是最近花多少時間完成比賽。對有的人來說，自己最大的成就，要看孩子的成就。各位是否努力在公司往上爬？是否種過比所有鄰居都大的番茄？我們最在乎的領域，是我們最容易感到威脅的領域，也是我們最有動力改善的領域，因為我們想要贏過別人。

　　對手間的比較，是最激烈的「社會比較」。像大鳥與魔術強森那樣的競爭對手，同樣在雙方都重視的領域崛起，而且從許多角度來說，他們和競爭對手很像（或是「心理相近」）。

　　相互對抗的可能是兩個人，但也可能是團隊、公司或組織，例如以大學籃球來說，杜克大學與北卡羅來納大學可說是世仇。兩所大學的校史、辦學定位與校園地理位置相近（彼此才相隔約十四‧五公里），兩校籃球隊經常一起比賽，而且比賽成績也很接近，因此常受到對方的好成績激勵。

　　杜克大學 1992 年拿下全國冠軍後，隔年換北卡羅來納大學奪冠。北卡羅來納大學 2009 年拿下全國冠軍後，隔年第一名變杜克大學。當然，要贏得全國冠軍有許多因素，不過競爭動力是很關鍵的因素。「社會比較」會增強職場、籃球場及其他領域的動力。

生氣的猴子與令人憤慨的社會比較

史考特・克拉崔（Scott Crabtree）在一家科技公司一路往上爬，他喜歡自己的公司，也喜歡自己的工作，直到公司來了一個新人。新人談到的薪水，只比他目前的薪水少幾千塊而已。史考特表示：「我發現新人才剛畢業，就拿到我努力數十年才拿到的薪水。」

新人的薪資摧毀了史考特的工作認知，他原本很滿意自己的薪水與工作，但一想到新人的薪水就嘔，實在無法調適心情，最後和大衛・米勒班很像，黯然離開公司。

「比較」是很危險的事，因為人天生忍不住會比較。埃默里大學的弗郎斯・德瓦爾（Frans de Waal）用僧帽猴做過一項巧妙研究，他訓練猴子用石頭當貨幣，和實驗人員交換食物。交換過程如下：實驗人員攤開空著的手，猴子將一塊石頭放在實驗人員手上，接著實驗人員給猴子一片黃瓜。

一塊石頭換一片黃瓜公平嗎？對這個實驗的猴子來說，公平──只要其他猴子也拿到一樣的東西就可以。只有一隻猴子的時候，用石頭換到黃瓜會吃得很開心，願意一換再換。然而，德瓦爾還實驗了另一種情境：讓兩隻籠子相鄰的猴子一起和實驗人員交換食物。籠子 A 的猴子和平日一樣，用石頭換到黃瓜，但籠子 B 的猴子卻換到香甜多汁的葡萄。猴子和人類一樣，覺得葡萄比黃瓜有價值——事實上，猴子覺得葡萄比黃瓜珍貴多了！

和平日一樣拿到黃瓜的猴子發現不公平之後，該怎麼說呢，牠們抓狂了。看到鄰居拿到好東西的猴子，不但不再為了黃瓜「付」石頭，還拒絕接受黃瓜，甚至把黃瓜丟回給實驗人員。在某次實驗，一隻猴子先是拿到黃瓜，接著又看到鄰居付了一樣的「價格」卻拿到葡萄，一下子把黃瓜丟在籠子地板上，還跑到籠子深處生悶氣。隔壁的猴子手伸進牠的籠子，一把抓住黃瓜，開心地同時吃起葡萄與黃瓜。這個實驗顯示，我們人類演化上的祖先在評估結果時，不是單獨評估，而是用「比較」的方式評估。

吃黃瓜的猴子在乎比較後的結果，人類也一樣。我們天生就會競爭的直覺在商業世界十分明顯。

以美國航空為例，美航在 2003 年面臨破產，管理團隊為了拯救公司，請工會讓很大一步。歷經困難重重的談判之後，美航說服工會，員工每年減薪 18 億美元，包括機師減薪 6.6 億，技師與地勤人員減薪 6.2 億，空服員減薪 3.4 億。工會接受了公司提出的條件，選擇合作……直到聽說了新消息。

工會同意讓步沒幾天，美航遞交給證券交易委員會的 10-K 年報細節曝光。工會發現，美航為了留住四十五名高階主管，只要他們留到 2005 年，就能領到高額留才獎金。

想像一下，你是美航機師，工會領袖才剛說服你放棄 6.6 億薪水，然而一天後，你卻發現多名主管可以拿到留才獎金，而且有的人一拿就是 160 萬美元！

工會得到可以比較的資訊後，又改為競爭，不再合作，取消讓步，還開除談判負責人。美航工會和僧帽猴一樣，原本以為自己得到公平交易，直到發現別人拿到更好的東西。

史考特碰上的情形，基本上也是同樣意思。他比較自己和新人的薪水後，不但討厭新人，也討厭起自己的工作。史考特與原本獨自開心吃著黃瓜的猴子受到相同的心理因素影響，看到自己和新人的對比後，失去合作精神，心中燃起競爭火焰，辭職自己開公司。他的新職稱是——首席快樂長。

史考特的前公司與美航的管理團隊不了解「社會比較」的力量。我們忙著留住資深經理，或是僱用搶手的青年才俊時，常忽略了我們所做的事會造成「社會比較」。因此，雇用新員工、和客戶做生意、協商房屋價格，或是決定要幫哪個孩子買哪件衣服時，必須考慮「社會比較」強大到會影響人們的態度、行為與觀感。

為什麼分開長大的雙胞胎，比一起長大的雙胞胎像？

　　湯姆・派特森（Tom Patterson）在堪薩斯州長大，由信奉基督教的工友扶養，雙胞胎弟弟史蒂夫・田積（Steve Tazumi）則在費城長大，養父是信奉佛教的藥劑師。湯姆與史蒂夫由於母親過世，剛出生就被送往不同的家庭，雖然知道自己有雙胞胎兄弟，但由於紀錄遺失，兩人近四十年不曾連繫。

　　湯姆和史蒂夫雖然沒見過面，但兩人擁有相同的興趣，還做一模一樣的工作。史蒂夫表示：「太不可思議，他開了一家健身房，我也開了一家健身房，我們兩人百分之百熱中健身。」湯姆也說：「我們第一次見面就覺得心有靈犀，兩個人實在太像。」

　　遺傳因子深深影響著我們，然而，我們成長過程中的「社會比較」解釋了一個奇特現象：出生時分開、在不同家庭成長的雙胞胎，長大後依舊相像，而且相似程度還勝過一起長大的雙胞胎。理論上應該相反，一起長大的雙胞胎，應該比分開長大的雙胞胎像，因為他們接受相同的教養方式，又在相同的地方文化中成長。究竟問題出在哪？

答案是，一起長大的雙胞胎不停被比較，兩個人如果做類似的活動，總有一人得屈居第二。分開長大的雙胞胎，因為沒有人和他們比，可以自由做喜歡的事，不會經歷因為雙胞胎兄弟姊妹表現勝過自己而感到丟臉。

「社會比較」甚至影響領養機構安排領養的原則。領養界有個名詞叫「人為雙胞胎」，意思是收養與家中孩子年齡相近的孩子。乍聽之下，人為雙胞胎是很棒的一件事，孩子會有現成的玩伴，養父母還可以享受規模經濟的好處──不論是上學或足球練習，都可以一起接送。然而，領養專家山姆・沃吉尼羅爾（Sam Wojnilower）解釋，領養機構知道人為雙胞胎會產生問題，年齡相仿的新孩子進入家庭時，「社會比較」將無所不在，而且有非常大的負面影響，工作人員會盡量避免這樣安排。

「社會比較」的力量，甚至延伸到成年的兄弟姊妹，以姊妹為例，如果一人在外工作，另一人待在家中，是什麼因素影響她們進不進職場？令人意外的是，家庭收入造成的影響並不是那麼大，真正有影響的是，和姊姊／妹妹比起來，誰的家庭收入比較多。爾灣加州大學的大衛‧紐馬克（David Neumark）發現，如果自家老公的賺錢能力不如姊妹的丈夫，女性很可能會覺得自己必須工作。為什麼？因為要是不投入工作市場，自家收入就會低於姊妹家的收入！輸人不輸陣，對手是自己的同胞姊妹時，更不能輸。

出社會時碰上經濟不景氣的好處

　　每個人都知道，得銀牌比得銅牌厲害，雖然銀牌只是第二名，但第二名還是勝過第三名。這麼說來，第二名應該比第三名快樂，對吧？然而研究顯示並非如此，第二名通常很鬱卒。

　　拿第二有多麼讓人嚥不下那口氣，問阿貝爾‧齊維亞（Abel Kiviat）就知道。齊維亞在 1912 年斯德哥爾摩夏季奧運一千五百公尺賽跑項目中，以僅僅○‧一秒的差距屈居第二。一直到高齡九十一歲，只拿到銀牌的痛苦依舊未消失。如同他當年告訴口譯員：「我有時會半夜醒來，問自己：『怎麼會發生這種事？』那就像是噩夢一場。」

　　西北大學的維多利亞・麥維（Victoria Medvec）研究奧運獎牌得主的面部表情，請評分者觀察奧運選手「比完賽的瞬間」與「站在領獎台上」的影片，結果發現，銅牌得主比銀牌得主開心：以滿分 10 分來評「快樂」程度，銅牌得主平均 7.1 分，銀牌得主平均僅 4.8 分。就算控制運動項目與賽前運動員受矚目程度等因素，結果依舊相同。

　　松本大衛（David Matsumoto）與鮑伯・威廉漢（Bob Willingham）進行追蹤研究，分析 2004 年雅典奧運柔道選手的表情，再次得出相同結論。不意外的，幾乎所有金牌得主都面露微笑（93％），大部分的銅牌得主也笑了（70％），然而銀牌得主沒有一個人笑（研究人員稱這個研究發現為「銀牌臉」）。

　　為什麼銅牌得主比銀牌得主快樂？運動員和多數人一樣，會拿最靠近自己的人來比較成績。對銀牌得主來說，最明顯的比較對象是金牌得主。金牌不只比銀牌好一點，而是好很多，金牌是聖盃。雖然客觀上來講，銀牌也是了不起的成就，然而銀牌得主「相較之下」覺得自己遜色許多。金牌得主和銀牌得主離得很近，銀牌得主忍不住會想，要是名次再進一名，不曉得會怎麼樣。

　　銅牌得主就不一樣了,銅牌得主比較可能「向下」比較,拿第四名和自己比。第四名沒有獎金,也不能站在領獎台上,因此銅牌得主覺得自己太幸運,差一點就從「獎牌得主」變成僅僅是「參賽者」。當然,可以拿第二名的話更好,不過第二名和第三名同樣都是獎牌得主。

　　這種第三名現象,也可以解釋為什麼在不景氣的年代,大學生如果一畢業就立刻找到工作,平均而言是比較快樂的一群人。

　　客觀來講,畢業時碰到不景氣很倒霉,例如以近期的 2009 年金融危機來講,2009 年春天的大學畢業生面臨黑暗的就業市場。美國當時找到工作的可能性,較前一年下跌近 40%,六個人搶一個缺。由於僧多粥少,就算真的找到工作,大概也是較為低階的產業,而且薪水遠低於前一年的畢業生。雪上加霜的是,不景氣還會在接下來幾年持續造成影響。研究顯示,畢業時碰上經濟衰退,將拉低一輩子的收入,就算過了十年,薪水依舊比前後年畢業的人低 15%。

　　碰上不景氣的畢業生雖然可憐,埃默里大學的艾蜜莉‧班齊(Emily Bianchi)卻發現,相較於景氣好的世代,在不景氣中進入職場的畢業生,會對自己的工作感到開心,而且效果持續數年。

一直到不景氣結束、經濟復甦後，這群人依舊比較滿意自己的工作。為什麼？

景氣差的時候，工作很難搶，終於找到第一份工作，畢業生會拿許多沒有立刻找到工作的同學相比，因此心存感激，覺得自己太幸運了，有總比沒有好。

此外，「社會比較」也能解釋為什麼民眾會起義，為什麼公民會抗爭。

許多人以為，起火點是人民越來越窮，對於受到壓迫，心生不滿，因而走上街頭，然而革命其實通常發生在國泰民安很長一段時間之後。想像一下，原本世界越來越美好……卻急轉直下，出現一堆始料未及的問題，人民會開始比較先前國家繁榮昌盛的歲月，以及目前很難養活自己的窘境與自己被剝奪的事物。

歷史上許多起義事件都發生在國家原本越來越繁榮，卻突然走下坡的時刻，法國革命、俄國革命、埃及革命、美國南北戰爭、美國人權運動都是這一類的例子。稀缺資源不穩定的動態，造成個人與團體從合作轉為抗爭。

「社會比較」還帶來一種相反現象，也就是幸災樂禍。別人的痛苦，就是我們的快樂。我們羨慕的對象要是從高處摔下，我們會心情愉悅。從前的對手要是出糗，我們也會開心，就算兩人之間的恩怨已經是很久以前的事也一樣。此外，我們得知紅極一時的名人摔落谷底時，也會樂此不疲地閱讀相關報導，例如瑪莎‧史都華（Martha Stewart）與小甜甜布蘭妮（Britney Spears）都是這方面的例子。

日本國家放射線醫學綜合研究所高橋英彥（Hidehiko Takahashi）主持的神經科學研究發現，如果遭遇不幸的人和我們很像，我們幸災樂禍的程度會更高。高橋的研究發現，如果看到和我們差不多、但略勝一籌的人發生倒霉事，我們大腦的主要獎勵區域紋狀體會亮起。

運動場上充斥著幸災樂禍。康乃狄克大學柯林‧林區（Colin Leach）研究世界盃足球賽球迷，發現要是對手輸了，球迷會特別開心——尤其是自己支持的隊伍已經被淘汰的話。再也無法替自己的國家隊加油的球迷，會轉而支持對手的敵人。對手輸了，感覺幾乎就跟自己贏了一樣美好。「敵人的敵人就是朋友」這句諺語是有科學依據的。

「社會比較」不只影響我們站在頒獎台上會不會微笑，也會讓我們幸災樂禍。除此之外，「社會比較」還可能激勵我們花更多力氣迎頭趕上。

中場分數些微落後，將翻轉終場分數

　　1992 年，杜克大學籃球隊面臨背水一戰，在國家大學體育協會（NCAA）舉辦的全國冠軍賽對上密西根。要是贏了，就能拿下睽違近二十年的冠軍。然而，杜克大學到中場休息時還落後 1 分。各位可以想像，杜克大學的教練會在休息室對球員說什麼。

　　下半場開始後，不可思議的事發生了，杜克隊大爆發，先前勢均力敵的比賽，變成杜克一路壓著對手打，終場以 71 比 51，大勝密西根 20 分。

　　杜克大學那天晚上的表現並非特例。華頓商學院的約拿·博格（Jonah Berger）與芝加哥大學的戴文·波普（Devin Pope）分析 1993 年至 2009 年間一萬八千零六十場職業籃球賽，找出「中場分數」與「終場分數」之間的關連。兩位教授發現，中場時輸 1 分的球隊，反而比最初領先的隊伍更可能獲勝。為什麼？

　　因為中場分數提供了落後隊伍強烈的「社會比較」。中場休息時，球員很沮喪，比數那麼接近，卻是自己落後，因此，他們從休息室走出來時充滿鬥志，這點大概可以解釋博格與波普教授的發現：落後 1 分的隊伍，在下半場開始的前四分鐘，將比對手多拿下許多分。

　　落於人後的感覺讓多數人不舒服，不只運動員如此。落後會激發不可思議的士氣，只為迎頭趕上。二戰過後，美國與蘇聯之間的太空競賽正是如此。當時美國與蘇聯不論是軍事或民生領域都處於激烈競賽，不過雙方的太空競賽更是轟轟烈烈。太空探索代表著國家的科學與軍事力量都前進到新的無人之地。

　　兩強相爭之下，1955 年 7 月 29 日，艾森豪總統（Dwight Eisenhower）自信滿滿地宣布，美國將發射繞行地球的人造衛星，締造人類史上的創舉，因此各位可以想像，當蘇聯 1957 年 10 月 4 日搶先發射全球第一顆人造衛星「史普尼克號」時，艾森豪總統心中的滋味。

　　艾森豪沒有氣餒，史普尼克號發射後，他宣布美國遇上「史普尼克危機」，整個政府動員起來，沒多久就通過《國防教育法案》，提供數億美元獎學金、學生貸款與設備，進一步贊助國家科學基金會，成立「高等研究計畫署」與「國家航空暨太空總署」（NASA）兩個新單位。

　　艾森豪表示，新法案是為了強化美國教育體系的緊急應變措施，然而他的最終目標不只是為了教育而投資教育，真正的目標其實是「改善美國的教育體系，以求打敗蘇聯」。接下來幾年，美國持續增加太空計畫的聯邦預算，從 1958 年占總預算 0.1％，1966 年增加到破紀錄的 4.41％，實際金額接近 60 億美元（大約是今天的 320 億美元）。

　　輸給蘇聯帶給美國太大刺激，這件事甚至成為 1960 年美國總統大戰的主軸。參議員約翰・甘迺迪（John F. Kennedy）競選時表示，要是自己當選，將盡全力帶領美國在每一個領域打敗蘇聯。甘迺迪成功當上總統後，更是進一步向全世界宣布，美國將送人類上月球。1962 年時，他在休士頓萊斯大學發表演說，解釋美國在太空競賽中的地位，以及他預備對太空計畫做出的努力：

　　我們目前的確落後於人，而且送人上太空還會持續落後一段時間，但我們不打算永遠落後，在這十年間，我們將迎頭趕上⋯⋯

　　落於人後的感覺，讓美國砸下驚人預算執行太空計畫。要不是出於「向上比較」的心理，花這麼多錢，國內大概會吵個不停。老實講，甘迺迪總統的願景不只是送人上月球，他想做的，其實是趕在蘇聯之前送人上月球。

「社會比較」可以讓團隊與國家動起來，那個人呢？紐約大學的蓋文・基爾杜夫（Gavin Kilduff）進行實證研究，發現競爭可以帶來激發鬥志的好處。如果是靠努力可以達成的事，相較於與其他對手競爭，我們和親密對手競爭時，表現會更好，不論大小事都一樣。基爾杜夫分析跑步社團的數據，發現跑步時光是有對手——背景相近、比賽常碰到的人、實力差不多的人——就會讓人們跑得更快。對手越多，跑者也會跑得越快。

換句話說，不想落於人後的心態，讓我們跑得更快、打球更賣力，甚至登上月球。然而太有動力呢？害怕落後會不會讓我們過於冒險，甚至做出不道德的行為？

如果競爭意識過了頭

花式溜冰一向是充滿美學與藝術的華麗運動，的確相當競爭，卻是很有氣質的競爭，然而，1994 年 1 月 6 日那天，一切都變了。當時美國的奧運花式溜冰代表隊，正準備替挪威利勒哈默爾冬季奧運選出兩名女性代表，其中最熱門的人選是南茜・克里根（Nancy Kerrigan）與譚雅・哈定（Tonya Harding），兩人一向是死對頭。

平日注意美國花式溜冰新聞的人都知道，南茜與譚雅這次鐵定會搶破頭，但沒人料到某個練習的午後，有人拿著金屬棍攻擊南茜的右膝。更令人震驚的是，背後的主使者就是譚雅。

譚雅怎麼會採取如此激烈的舉動？從媒體的後續報導可以一窺端倪。舉例來說，譚雅一直覺得大家比較敬重南茜，雖然兩個人都不是富裕家庭出身，但譚雅不論是舉手投足、穿衣打扮與風格方面，都不如南茜優雅。花式溜冰專家說譚雅是「醜小鴨」，譚雅自己也說：「南茜是公主，我什麼都不是。」

譚雅與南茜是死對頭，但兩個人其實很多地方都很像，例如她們都已經取得花式溜冰的重大成就：南茜得過奧運獎牌，譚雅是美國唯一在比賽中成功做出三周半跳的女性選手。1994 年時，兩人都非常有希望進入美國奧運代表隊，然而譚雅覺得自己不如南茜。前文提過，覺得自己不如人會帶來強大動力，譚雅的確很努力，每天花無數小時練習溜冰，但她依舊覺得自己的成功之路

被堵住──只要有南茜在的一天，自己就無法成功。譚雅擔心光
是加緊練習還不夠，於是做出「聞名世界」的攻擊事件。

　　我們與紐約大學基爾杜夫所做的實驗證實，過度的競爭意識
會帶來暴力行為，例如我們分析 2002 年至 2009 年義大利甲組足球
聯賽（Serie A，該國最高等級的賽事）兩千七百八十八場球賽，發
現同一個城市的隊伍互相廝殺時，比賽特別激烈，球員因為違反
運動精神與不道德行為而吃黃、紅牌的次數也比較多。

　　「社會比較」帶來的壓力，不僅讓運動員昏頭，就連公司也
會為了擊敗對手而耍小手段。舉例來說，維珍大西洋航空開始搶
占英國航空市占率時，英國航空的對策是打電話給維珍的乘客，
告訴他們班機取消了（其實沒有這回事）。英國航空到後面不擇
手段，甚至散布不實謠言，說維珍執行長理查・布蘭森（Richard
Branson）驗出 HIV 陽性。

　　「社會比較」的壓力，甚至引發學術界象牙塔的欺騙行為。
哈佛大學班・艾德曼（Ben Edelman）做過一項聰明的研究，調查
社會科學研究網（SSRN）的欺騙行為。SSRN 是一個網站，學者
可以在自己的研究發現尚未出版之前，就放在網站上宣傳。網站
有一個功能是看論文被下載多少次，從下載次數可以看出大家有

多感興趣、多期待那篇論文。經常被下載的論文特別有地位，有的大學甚至用 SSRN 下載次數來判斷研究品質。

然而有一個問題：下載次數其實很容易動手腳。學者可以下載自己的文章，甚至寫程式自動下載，以拉抬自己的相對排名。艾德曼分析可疑的下載次數（例如一段時間內密集下載），找出幾個明顯模式，例如希望在頂尖學校取得終身職的人，比其他教授更可能出現啟人疑竇的下載次數。更值得注意、與本章討論的「社會比較」更相關的是，自己的同仁下載次數高的時候，教授們更可能出現可疑的下載次數。

結論很明顯，身邊的人勝過我們時，我們會想辦法增加表面上的績效，有時甚至願意做出一些偷偷摸摸的手段。

「社會比較」也可以解釋為什麼我們會排擠他人。三十四歲的朗達是一家中型法律事務所的祕書。老闆覺得她有潛力，鼓勵她去上電腦課，還配合上課時間調整工作安排，條件是她學成之後，至少要在公司多待一年。這樣的安排是員工與公司都受惠的最佳合作範例。

故事有趣的地方，則是朗達的同事對於新工作安排的反應。一開始，大家恭喜朗達，然而時間一久，如同雪柔・達勒塞加

（Cheryl Dellasega）所述：「辦公室氣氛明顯變冷，朗達才去上課
一個月，其他女同事就不找她去吃午飯，而且還常常『不小心忘
記』告訴她，在她上課的時候，公司交代了什麼重要的事。」

　　老闆雖然與朗達合作，卻引發「社會比較」，造成朗達的同
事不合作。同事就跟溜冰選手譚雅一樣，選擇做出損人不利己的
行為。

找到正確平衡：如何利用比較心理

　　人天生就愛比較，我們靠著比較理解這個世界，深受比較影
響。有時比較讓我們舒坦，有時讓我們不舒服。比較可以送人類
上月球，但也能讓人拋棄事業，或是為了領先而作弊。如何能讓
「社會比較」變成一樁美事，而不是壞事？我們可以思考以下兩
個結果相反的例子。

　　約翰·甘迺迪 1960 年競選美國總統時，弟弟羅伯特·甘迺迪
（Robert Kennedy）放下自己的政治野心，站在哥哥身旁，還成為
競選總幹事，送約翰進白宮。

　　為什麼約翰和羅伯特這對兄弟檔能有效合作，英國的大衛·

米勒班卻因為受不了和弟弟艾德做比較，最後黯然離開，遠走他鄉？

原因當然有很多，不過有一個關鍵差異：羅伯特幫助「哥哥」贏得總統大選，然而艾德這個做「弟弟」的卻挑戰哥哥，而且還贏了。為什麼這點很重要？因為後者挑戰了長幼有序的道理——人們預期哥哥會比弟弟先成功，要是弟弟倒過來先成功，將引發不滿心態。

此外，羅伯特因為哥哥勝選，聲望跟著提高，接下來甚至還準備進軍白宮。大衛卻因為被弟弟一對一直接打敗，地位大挫。

或是再回到威廉絲姊妹的例子。這對姊妹在網球界嶄露頭角時，也是依照年齡順序，姊姊大威先出名，再來才輪到妹妹。妹妹小威回想早期歲月時，坦然接受姊姊是眾人矚目的焦點：「大家都在談大威，這是應該的。」大威比小威先變成網壇第一，兩人第一次交手時，姊姊擊敗妹妹。幾年後，妹妹的鋒頭超越姊姊，但由於姊姊依照順序成功，兩人依舊合作無間，依舊是全世界最強的雙打組合。

因此，如果要利用「社會比較」的好處，首先要評估**「符不符合順序」**。如果我們期待同儕會贏，同儕也真的贏了，雖然和對方一比，我們會不舒服，但不至於做出過度激烈的行為。然而，如果我們覺得自己會贏，結果卻是同儕贏了，情緒激動是一定的。

抓到正確平衡的第二個原則，則是**提供再次競爭的機會，化不滿為動力**。換句話說，我們是否有機會以具建設性的方法化解懊惱？

奧運拿第二的運動員，或許這輩子再也沒機會摘金，不過對於大部分的人來說，不論是搶工作、搶升遷，或是希望進入社區委員會，總有第二次機會（甚至是第三次、第四次機會），因此，與其舔被對手打敗的舊傷口，不如振作起來，再試一遍。

第三個「社會比較」的關鍵則是要記住，**就算身邊的人沒說出口，我們的成功可能讓別人沮喪**。買了新車，或是裝潢家裡之後，我們常興奮地告訴別人自己買了什麼、裝修了什麼，但不要忘了「謙受益，滿招損」的道理。換句話說，我們在臉書上貼出新買的東西、新裝潢、到國外度假的照片時，最好三思而後行。其他人或許會恭喜我們，然而不要忘了，人類一般不會承認自己嫉妒，也因此我們很容易沒發現自己觸發了「社會比較」。

謙虛的方法是分享負面資訊。當然，去了斐濟度假之後，同事和朋友都會問好不好玩，此時不要只給他們看一百張漂亮的度假飯店與美食照片，也不要大談讓你永生難忘的與鯊魚近距離接觸的故事，試著告訴大家下雨很掃興、不能出門玩的那一天，或是航空公司是怎樣弄丟了你的行李。各位會意外發現自己提供了幸災樂禍的素材，讓聽眾心滿意足。

最後，如果想利用「社會比較」來增加自己的動力，不要忘記兩個關鍵原則：一、如果想讓自己開心一點，就做自己勝過別人的比較；二、如果想讓自己更努力，那就做自己不如人的比較。換句話說，想讓自己感覺好一點，就想想那些不幸的人，更好的方法，則是自願花時間幫助他們。如果想點燃競爭的火焰，就想想比自己稍微好那麼一點的人。

就連罹患重病、正在忍受痛苦治療的病患，也可以靠著做比較撐過去，例如與乳癌共存的病患會出現一種特殊的比較模式，他們會關注比自己不幸的患者，感覺自己的情況沒那麼糟，或是看著幸運的患者，鼓勵自己：或許自己也能那麼幸運。

談判也可以運用相同的原則，我們與科隆大學的湯瑪士・穆斯魏勒（Thomas Mussweiler）進行研究，想找出如何在談判桌上表現良好，同時心情愉快。答案是：談判前應該「向上」比較，激勵自己談成最好的條件。一旦成交後，則應該「向下」比較，例如比較先前談到的糟糕條件，好讓自己心滿意足。

　　最後，在這裡要和大家分享一則俄羅斯寓言。故事的開頭聽來耳熟，不過就和大部分的故事一樣，故事的結尾提供深刻寓意。

　　一個男人被一盞舊燈絆倒，他撿起燈，擦掉灰塵，仔細看是什麼東西害自己摔倒，結果一擦之後，跑出一個精靈。精靈說，你要許什麼願望都可以，不過不論你拿到什麼，鄰居都會得到雙倍。

　　男人原地踱步，絞盡腦汁一直想，想了很久很久之後，臉亮了起來，告訴精靈：「我知道我要什麼了！我要你戳瞎我一隻眼。」

　　本章提到，我們靠著做比較，了解自己在社會中的位置，不過還有一個元素也很關鍵：最重要的比較通常和「權力」有關。擁有最多權力的人是老大，其他人得跟隨。下一章將討論權力的大小如何影響競爭與合作，以及我們可以如何靠著掌握權力的動態，進一步與人合作，拿出更強的競爭實力。

CHAPTER 2

當國王的滋味很美好……不失勢的話

　　諷刺電影《瘋狂人類史》（*History of the World, Part I*）中，法王路易十六可以隨心所欲，愛怎麼做，就怎麼做，把隨從當成棋子下棋，把農民當成飛靶射擊。想小便，就召來「尿尿小童」（他真的這麼叫，這不是我們說的）幫他拿著桶子。電影中，每次路易十六又為所欲為做了什麼，就會轉頭告訴鏡頭：「當國王真好。」

　　然而，路易十六沒有好下場，人民起義，殺掉國王。當王的滋味很美好……沒下台的話。

　　惠普（HP）前執行長馬克・賀德（Mark Hurd）嘗過權力的美妙滋味，但又從雲端摔入谷底。基層出身的他，一開始先在 NCR 公司擔任初級銷售分析師，二十年間一路往上爬，2001 年成為總經理兼營運長。幾年後，惠普挖角，賀德更上一層樓成為執行長，帶領惠普成為桌電與筆電銷售龍頭，公司營收上揚，股價翻倍。

　　賀德享受身為執行長帶來的奢華生活，紙醉金迷，2008 會計年度領到 2,540 萬美元，平日和太太用公司的噴射機當交通工具，公司還在他的要求下，以繳交噴射機使用稅的名義，又多給他一筆津貼。對賀德來說，當執行長的滋味十分美好……直到他遇見茱蒂・費雪（Jodie Fisher）。

　　賀德最初因為實境節目《戀愛達人》（Age of Love）認識茱蒂，立刻愛上她。身為執行長的賀德習慣想要什麼都能弄到手，看上茱蒂後他開始行動，先是欽點她主持惠普各種活動，藉故接近。女主角拒絕他示愛的舉動後，他依舊不屈不撓，堅持帶茱蒂參加與公事無關的高級晚宴，並由惠普買單。賀德甚至為了證明自己的身價，一一細數據說想和他在一起的女人，歌手雪瑞兒・可洛（Sheryl Crow）也在名單上。專門替名人打官司的律師格洛麗亞・阿爾里德（Gloria Allred）寫信給惠普，詳細告知賀德的所作所為，惠普發現自家執行長習慣用公款花天酒地，還用公司飛機載著女人跑遍全國各地。賀德由於未依照程序向公司申報相關支出，2010 年下台，當執行長的滋味很美妙，直到摔下雲端。

　　賀德為什麼如此膽大妄為？為什麼他要拿美好前途冒險？

　　答案與兩個字有關：「權力」。偉大的英國哲學家伯特蘭·羅素（Bertrand Russell）曾說：

正如物理的基本概念是能量，社會科學的基本概念是權力。

　　換句話說，我們手中握有多少權力，將影響我們的思考與所作所為。

　　人人都知道權力是什麼。權力的正式定義是一個人能控制他人的程度。權力大的人，比別人更能取得稀缺資源，而且還能靠著提供或把持資源，或是施予懲罰，控制力量不如他們的人。

　　典型的權力不均例子是上司與員工，上司可以幫你加薪或升官，也可以威脅降級或炒魷魚。不過權力是一種動態且主觀的東西，不同情境下會發生變化，不會永遠靜止不動。例如在法律事務所，律師的權力高於想轉正職的暑期實習生，低於事務所合夥人。然而，只有在別人在乎你掌控的資源時，你的權力才會大過對方。以法律事務所來說，只有在實習生想轉正職或拿到推薦信時，律師才擁有權力。同樣的道理，律師很想變合夥人的話，合夥人的權力才會特別大過律師。

　　換句話說，權力也受本書前言提到的三大因素影響：人類是爭奪一直在變動的稀缺資源的社會性動物。

　　要了解權力是怎麼一回事的話，可以想一想聖經中神奇頭髮的故事。參孫力大無窮，可以徒手撕裂獅子，任何鏈繩都綁不住他，所向無敵，直到他力量的泉源——頭髮被剃掉，後半輩子淪為奴隸。當參孫很美好⋯⋯直到失去力量。

　　在今日的現代社會，權力和參孫的頭髮很像——權力不會讓我們刀槍不入，但我們會「感覺」自己刀槍不入。權力會帶來強大的力量與自信，讓掌權者在心理層面上勝過競爭者，但也可能使他們盲目，看不見自己的行為造成什麼後果，自我中心、自私、不懂得與他人合作。賀德與法王路易十六就是這方面的例子。

　　權力有趣的地方在於，**重點通常不是我們實際握有多少權力，而是我們「感覺」自己多有權力。我們怎麼想、怎麼做，要看我們心中的感覺。**換句話說，體驗到的權力，和實際擁有多少權力一樣重要，甚至更為重要。我們所做的研究顯示，不論是面試新工作、開口邀人約會、開會時讓主管印象深刻，在許多情境下，我們都可以靠著增加自己「感受」到的權力，取得更大優勢。

　　了解權力如何影響著每一個人之後，就能運用權力的正面力

量，避開權力帶來的陷阱。我們的確可能獲得權力，接著又一直
掌權下去——接下來要教各位在別人來搶王冠時，還能永遠當王
的方法。

你怎麼想才是重點

　　我們來實驗一下，請閉上眼睛，回想某次權力在握的經驗
——那次你掌控別人想要的重要資源，或是由你負責獎勵另一個
人。請好好回想那次的經驗，感受一下擁有權力是什麼感覺，花
多長時間都沒關係，想好了再讀下去。

　　那段記憶讓你有什麼感覺？如果各位和其他成千上萬做過這
個練習的人一樣，你心中的權力感應該會增強，至少在一段時間
內覺得自己什麼事都辦得到。你感到更有自信、更願意冒幾分鐘
前不願意冒的險。

　　我們在大約十五年前偶然發現這個技巧，我們的實驗「促
發」人們心中的權力感，受試者只需要回想握有權力的時刻，行
為就會更類似掌權者。既然權力的關鍵元素是「感受」到權力，
許多方法都能製造權力感。

柏克萊加州大學的戴娜・卡尼（Dana Carney）從相關發現找出另一個增加權力感的方法：很簡單，只需要站起來手叉腰。請維持這個姿勢一陣子，感受一下心中冒出什麼感覺。也可以坐在沙發上，背往後靠，雙手放在扶手上。這一類的姿勢稱為「伸展型姿勢」──身體展開、占據空間。

好了嗎？現在試一試另一種姿勢。坐在椅子邊緣，彎腰駝背，雙手擺在大腿上。此時你的身體縮起來，被限制住，這個姿勢讓你有什麼感覺？哪一種姿勢讓你有權力感？

伸展型姿勢與權力密切相關。不論是什麼物種，占據支配地位的個體通常會伸展自己的姿勢，占據更多空間。北象鼻海豹求偶時會挺起身體趕跑競爭者，孔雀會開屏展示威力，黑猩猩也會閉氣鼓起胸膛展示力量。同樣的，我們都看過領導階層靠在他們過大的椅子上，或是抬頭挺胸站在董事會面前，讓大家明白誰是老大。

不過，就算不是真的老大，擺出這類姿勢也會讓自己「感覺」握有更多權力。卡尼發現，光是請受試者做出伸展型姿勢（她取了一個貼切的名字，叫「權力姿勢」），例如往後坐、像女超人或超人般站得高高的，或是像老闆發號施令時往前靠在桌上，都會讓人感到自己更有力量。

　　相關發現帶來新穎的看待權力方式。我們很容易明白，感受會影響肢體動作，例如我們感到自豪時會站得更高，覺得自己力量強大時，握手也會握得更緊。不過研究顯示，倒過來也一樣。我們的肢體動作也影響我們的感受。換句話說，如同手排車需要先打檔，鬆開離合器，才會往前衝，我們也可以引導自己的身體到馬力強的「檔」，讓自己感到威力十足。

　　最近期的研究顯示，就連音樂都能讓人感受到權力。我們在西北大學丹尼斯・徐（Dennis Hsu）主持的研究計畫發現，有低音重拍節奏的音樂，例如皇后樂團的〈We Will Rock You〉、2 Unlimited 的〈Get Ready for This〉、50 Cent 的〈In Da Club〉，都會讓受試者感到更有力量，行為也跟著改變。

　　這或許能解釋為什麼美式足球員科林・卡佩尼克（Colin Kaepernick）與網球選手小威廉絲等運動員走進體育場時都戴著耳機，以及為什麼邁阿密熱火隊在 NBA 季後賽落後達拉斯小牛時，小皇帝詹姆斯（LeBron James）靠著在更衣室播放武當幫重節拍的〈來吧〉（Bring the Pain，歌詞包括 Basically, can't fuck with me，你贏不了我的），讓邁阿密熱火當晚反敗為勝。

　　不論是回想自己權力在握的經驗、擺出老大姿勢、聽重節拍音樂，都能增強權力感，重點在於找出對自己有用的方法。個人而言，我們兩人都偏好回想的方法，這個方法的優點是每一個人都有那樣的經驗，每個人都能再次體驗那樣的感覺，製造出持久、真實的權力感受。此外，回想的力量也有最多科學證據支持，數百份研究都提到相關效果。不過，哪一種方法都可以，不論是回想、擺姿勢、聽音樂，看哪種方式最能讓各位心中充滿力量，就選哪種方法。

　　以上介紹了權力的定義，以及如何感受到更多權力。接下來，讓我們來看權力感如何深深影響我們與敵友的互動。

留著參孫的長髮，在公路上呼嘯而過

　　我們兩人最初對權力研究感興趣，原因是 1990 年代晚期時，我們的合作者史丹佛大學教授黛伯・葛魯芬德（Deb Gruenfeld）有一次搭飛機，一位穿西裝的男人在她旁邊坐下。上方的冷氣出風口正對著這個男人，於是他立刻採取行動，解決這個討厭的情形。然而，他並不是關閉出風口，而是讓冷風改對著黛伯直吹。黛伯呆呆坐在位子上，什麼都沒做，在沮喪之中發抖。男人覺得自己有權任意調整溫度，黛伯卻動彈不得。

　　接下來幾個月，黛伯不停在想：為什麼隔壁的人那麼有自信，一下子就行動，自己卻畏畏縮縮？

　　想像一下，你走進有五個人的房間。大家在桌旁振筆直書，一半的人寫下自己當家作主的經驗，一半的人寫下在別人的屋簷下低頭的經驗。所有人寫完後，六個人分別被帶到不同的房間填寫問卷。關上門，坐在椅子上後，你發現風扇正對著你的臉吹，此時你會怎麼做？別忘了，你不曉得可不可以自行調整那個討厭的風扇，看是關掉，或是轉一下方向。

　　我們刻意在實驗中製造出前述情境，看看哪些受試者會自行調整風向，哪些人則會忍著，直到全身發冷。換句話說，我們想要重現黛伯在飛機上遭遇過的心路歷程。

　　隨機被分配到回想自己當家作主的人，相較於回想自己毫無權力的人，關掉或調整風扇方向的可能性高 65％。光是回想自己握有權力的經驗，就會讓人在進入下一個房間後，覺得自己有權讓自己的世界更舒服。

被促發權力感，甚至會改變我們的聲音。我們在聖地牙哥州立大學柯謝金（Sei Jin Ko）主持的實驗計畫中，先請受試者唸出一段話當成聲音基準，接著請他們回憶自己擁有權力的經驗，再請他們唸出談判開場白，測量權力感是否改變他們的聲音。

結果發現，受試者想著自己擁有權力後，語氣較為平穩，而且大聲與安靜之間的切換比較大——也就是說，他們比較不會改變音調，但會變換音量。英國前首相柴契爾夫人（Margaret Thatcher）和這個實驗的受試者一樣，靠著多改變說話的音量、少調整聲音起伏，讓自己說起話來更具架勢（柴契爾夫人接受過展現權威感的聲音訓練）。

然而，聽眾是否感受到相關效應？我們為了找出答案，播放所有受試者的錄音，讓另一所大學的人聽。聽眾在不曉得說話者的權力感經過操作的前提下，認為被促發權力感的說話者「聽起來」較有權威、說話較為有力。

權力感效應可以用神經科學解釋。馬登・伯森姆（Maarten Boksem）在提堡大學的團隊利用腦電圖（EEG）測量被促發權力感的受試者大腦活動，發現回想握有權力的經驗，會使大腦左前區活動增加。

　　伯森姆的發現提供了權力讓人感到權威與自信的根本原因。人類許多行為受兩個大腦系統互動影響，一個是協助人們避開負面結果的「抑制系統」，另一個是讓人將注意力放在達成正面結果的「激發系統」。激發系統位於大腦左前區。當左腦被啟動，就像黛伯在飛機上遇到的鄰座男人一樣，我們會採取行動，得到自己想要的結果。

　　我們甚至可以在血液中找到權力效應的證據。卡尼發現，權力會減少皮質醇，皮質醇是一種壓力荷爾蒙，作用有如心理抑制劑。同樣的，我們與格羅寧根大學珍妮佛・喬丹（Jennifer Jordan）所做的研究發現，從心跳與收縮壓來看，權力也會減少生理壓力。

　　從神經學、荷爾蒙與生理的角度來看，當王的感覺很美妙，而且我們「感覺」自己是國王的時候，行為也會比較像國王。

　　以上談到回想握有權力的經驗，可以暫時改變我們的感受與行為，那長期而言呢？這有長期效果嗎？

如何在工作面試中勝出與成爲領導者

2004 年時，我們的前研究生姬蓮・古（Gillian Ku）參加面試，爭取競爭激烈的倫敦商學院教職。學院面試一般很冗長，給人很大的壓力，教職申請者得在一天之中，與系上每一位教授進行一連串的三十分鐘一對一面試，接著還得做關鍵的教職演說，在九十分鐘內介紹自己的研究，並且接受系上教授挑出研究缺點的嚴厲拷問。姬蓮前往倫敦商學院應徵時，演講前得到三十分鐘準備時間，她用整整十分鐘做權力促發練習——寫下自己曾經握有權力的經驗。

這個簡單的練習激發姬蓮的信心，她在演講時掌控全場，泰然自若地回答每一個問題，聽眾深感信服。更棒的是，她拿到了教職！

姬蓮的故事讓我們兩人印象太深刻，我們想用科學的方式實驗，是否刺激心中的權力感，可以讓人在找工作時擁有競爭優勢。在科隆大學約里斯・拉默斯（Joris Lammers）主持的實驗計畫中，我們讓受試者與一組兩人的委員會進行法國頂尖商學院的模擬面試。申請人必須說服兩位專家審查者（一般是教授）自己擁有足夠的動機、能力與經驗在未來表現優異。在受試者不知情的情況下，我們隨機讓他們身處三種情境：高權力回憶促發、低權力回憶促發，以及當成基準的無觸發情境。

實驗結果如何呢？數據很驚人，68％的高權力回憶促發申請人通過面試，低權力回憶促發僅26％。後續的書面工作申請實驗也複製出相同效應：高權力回憶促發申請人得到較高分數。

為什麼有如此驚人的結果？因為在兩個實驗（現場面試與書面申請），被促發權力感的申請人更有自信，也因此被視為能力較佳。

各位可能猜測相關效果只是暫時的，幾分鐘後就會消失。的確，在孤立的情境下，效果只會持續一、兩個小時；但是被促發權力感的人，只要在這一、兩個小時中改變行為，就能帶來持久效果。

我們與紐約大學基爾杜夫教授用三天的實驗，證明權力促發的持久效果。我們將受試者分成同性別的三人小組，並且讓其中一人促發高權力，一人促發低權力，另一人則是中立。每個三人小組合作進行一項實驗任務，接著回家。兩天後，每一組再回到實驗室，做幾個新的實驗任務。值得注意的地方就在這裡：我們問每一個小組成員，認為誰是小組的領導者。在實驗的第一天被促發權力感的人，兩天後仍被視領袖。

為什麼看似短暫的效果，在實驗中卻有如此持久的效應？

我們分析第一天的對話影片，發現被促發高權力的受試者一開始就「表現」得像是領導者，小組開會時，他們用說服力十足的方式帶頭發言，接著兩天後，雖然他們的貢獻和小組中另外兩個人一樣多，仍被認為具有領袖風範。換句話說，權力促發會影響短期行為，接著又帶來持久效果。

因此，如果想讓其他人覺得你很強大，除了要在對的時間，出現在對的地方，擁有正確的心理框架也有幫助。小小改變一下心態——光是簡單回想自己擁有權力的經驗——就能深深影響長期的成功。簡單來講，如果能在小組開始互動時調整好自己的心理狀態，每個人都能大幅提升自己的地位。

好了，這下子我們知道，權力可以幫助我們在公路上加速，一路奔向更明亮的未來，不過也要小心，權力會讓我們車速過快。公路上超速容易導致車禍，人生的道路衝太快也可能人車全毀。

權力讓人所向無敵，也讓人盲目

2013年6月15日，伊森・庫奇（Ethan Couch）以時速一百一十公里，開著卡車在德州沃斯堡公路上。才十六歲的他，當天晚上先是和一群朋友偷了沃爾瑪的啤酒，喝到血液酒精濃度達法定上限的三倍，接著又醉醺醺地開車上路，結果撞上一群路人，造成四死五傷。更令人唏噓的是，好幾位路人是因為好心停下來幫助一位爆胎的車主才被撞上。

這起嚴重意外的起因是什麼？依據辯護律師的說法，原因是庫奇得了一種病，那種病需要治療，而不是坐牢。那種神祕的疾病是什麼？那種病叫「富流感」，太過有錢有勢的人會得那種病。律師說，得了富流感的人看不見自己的行為會造成什麼後果。庫奇因為從小被父母寵壞，導致失去道德思考與為自己的行為負責的能力！

法官顯然被富流感的說法影響，只判庫奇緩刑十年，父母必須付他接受密集治療的費用。

不論各位是否同意法官的判決，基本上法官有一件事是對的：權力與特權會讓人昏頭，一不小心就無視於一般的行為規範，變成樂天的冒險者。有權力的人經常只看到自己的行為帶來的獎勵，看不見風險，甚至不顧道德。

我們與柏克萊加州大學卡麥隆・安德森（Cameron Anderson）所做的研究發現，權力讓人比較不願意在上床時使用保險套，而且不只男性如此，被促發權力感的女性也一樣。

出於相同的原因，權力在握的人比較可能欺騙或違規，就算規則是他們自己訂的、而且還要求他人遵守也一樣。

我們與科隆大學拉默斯教授做過研究，讓受試者靠擲骰子決定可以拿到幾張彩券，例如擲出 2，就可以拿到兩張彩券，由受試者自行向實驗人員回報自己擲出的數字。有權力的人是否比較容易虛報數字？的確如此。

為什麼有權力的人會在公路上超速，害人害己？部分原因是他們和惠普前執行長賀德以及酒駕的庫奇一樣，以為整條路都是自己的。接下來讓我們來看原因。

權力在握的人覺得自己是公路上唯一的人

　　掌權者真的如此無視他人痛苦，或者那只是無權無勢的人讓自己心中比較舒坦的說法？我們設計實驗找出答案，請受試者舉起慣用手的食指，在額頭上寫一個「E」字，動作越快越好，不要多想。

　　各位寫的「E」正確嗎？如果要在額頭寫出正確的「E」，得從旁人的觀點出發，想一想別人會看到什麼樣的「E」。相較之下，只想著自己、從自己的角度出發的人所寫出的「E」，別人會看到左右顛倒的「Ǝ」。

　　為什麼各位應該關心自己寫的「E」朝哪個方向開口？權力讓人從自私的觀點寫出左右相反的「Ǝ」的機率大增。我們與紐約大學喬・馬基（Joe Magee）所做的研究發現，相較於被促發低權力的受試者，被促發高權力的人寫出左右相反的「Ǝ」的機率幾乎是三倍。

　　我們第一次與出版社見面時也得出相同結果。我們請在場人士在額頭上寫「E」，結果和我們的實驗一樣，資深編輯寫反過來的「Ǝ」，剛入行的編輯則寫對了。我們一再發現，權力讓人們更加從自己的角度看事情，無視於他人。

　　為什麼權力大的人似乎忘記身邊還有其他人，就和在飛機上讓冷風對著黛伯直吹的人一樣？我們做過的神經科學研究提供了線索。在洛杉磯加州大學凱莉·莫思克特爾（Keely Muscatell）主持的研究計畫中，我們發現，感受到權力的受試者前額葉皮質與扣帶皮質比較不會啟動，關注他人的神經迴路正是分布在這些大腦區域。其他研究也顯示，權力在握的人較不常出現反映他人行為的神經活動，也因此較不會意識到周遭的人。

　　有趣的是，大自然中較強大的物種，視野也比較狹窄，例如以掠食者與獵物來說，兩者的關鍵差異不在於尖牙利爪，也不在於其他與身體武器相關的特色，而在於眼睛的位置。掠食者的眼睛演化成面向前方，在追捕獵物時提供精準的深度視覺。獵物的眼睛則是朝外，帶來最寬廣的邊緣視野，有辦法察覺四面八方正在靠近的危險。人類位於食物鏈最上方，眼睛也是朝前，有辦法評估深度、追求目標，但也可能錯過位於視野邊緣的重要活動。

　　心思都放在自己身上，也能解釋為什麼吝嗇與權力有關，我們看兩個熟悉的聖誕節故事就知道。

　　查爾斯·狄更斯（Charles Dickens）的《小氣財神》（*A*

Christmas Carol）主人翁史古基是替自己囤積大量錢財的有錢人，他認為錢花在別人身上很可笑。歐・亨利（O. Henry）的〈聖誕禮物〉（The Gift of the Magi）則正好相反，故事中的吉姆賣掉自己珍貴的懷錶，只為了買梳子讓黛拉梳理美麗秀髮，卻發現黛拉為了送他搭配懷錶的金鍊子，剪下自己的頭髮出售。

　　兩則故事中的主人翁有兩件事不一樣，第一是他們分別願意花多少錢在自己與別人身上。史古基囤積金錢都是為了自己，吉姆與黛拉卻為了送對方禮物，犧牲自己最珍貴的東西。第二個不一樣的地方，則是他們擁有多少權力與財富。史古基有權有勢，歐・亨利筆下的人物卻是赤貧。

　　我們與西北大學德瑞克・洛克（Derek Rucker）所做的研究發現，相關故事呼應了一個科學事實，我們在實驗中操弄權力，讓部分受試者當老闆，部分當員工，所有人都有機會用 5 美分買好時 Kisses 巧克力，有的受試者被要求買給他人，有的則只買給自己。研究發現，握有權力的老闆跟《小氣財神》中的史古基一樣，幫自己買的時候，買了三十二顆巧克力，但只買給別人十一顆。相較之下，權力小的員工則像互贈禮物的吉姆與黛拉，買給別人三十七顆，但只買給自己十四顆！

　　其他研究人員發現，有錢人捐給慈善機構的金額占收入較小的百分比。諷刺的是，權力大的人雖然握有能與他人分享的大量資源，但權力讓人變得更像小氣鬼史古基。

　　這些研究的關鍵發現是，權力會讓人看不到其他人的苦難，這種「視而不見」會帶來嚴重後果，有權有勢者可能因此丟掉王國。

國王下台

　　本章開頭提到，電影《瘋狂人類史》有一幕是法王路易十六把農民當成飛靶練槍。當他射擊時，身旁的人告訴他：「人民正在造反……農民覺得您不重視他們。」路易十六感到無法置信：「朕不重視農民？他們是朕的子民……我愛他們。」接著立刻大喊：「用力拉！」另一個農民被拋到空中。路易十六忘了照顧人民，最後人民砍掉他的頭。他因為高估大家的忠誠度，自食惡果。

　　路易十六有一個現代版的兄弟叫詹姆士（吉米）·凱恩（James "Jimmy" Cayne）。2008 年 1 月，凱恩辭去貝爾斯登（Bear Stearns）

執行長一職，離公司垮台只有兩個月。凱恩雖然不曾射殺農民，但他和路易十六一樣，與股東和員工脫節，沒為公司謀福利，花大量時間打橋牌，甚至公司兩個對沖基金撐不下去、開始走破產程序那天，他還在玩。

凱恩的去職被稱為「凱恩事變」，「大家以不歡送的方式送他走」，接著他還被 CNBC 列為「美國史上最糟糕的執行長」。然而，凱恩感受到的眾人情緒很不一樣：「我 1 月 4 日離開那天，沒有人不哭，大家起立鼓掌，我的眼淚流了出來……全部的人統統站起來歡送我。」

不論是在商業界、政治圈或其他任何領域，掌權者常常因為不懂關心他人而垮台，而他們和凱恩一樣，從未料到會有那一天。IESE 商學院的賽巴斯汀・布理翁（Sebastien Brion）以科學方法證實掌權者的盲目，他們通常高估自己受到擁戴的程度，而疏於照顧身邊的人，最終失去下位者的支持，喪失權力。這種事政治人物亞歷山大・海格（Alexander Haig）最清楚。

海格喜歡發號施令，最初在軍隊一路慢慢往上爬，後來在 1970 年代初期成為副參謀長。水門案越演越烈時，海格是尼克森總統（Richard Nixon）任期最後一年的白宮幕僚長。由於水門案的調查讓尼克森總統面臨龐大壓力，政府基本上是海格在管。海格被視為「代理總統」，特別檢察官萊昂・賈沃斯基（Leon Jaworski）甚至稱他為「第三十七又二分之一任總統」。

　　幾年後，雷根總統（Ronald Reagan）任命海格為國務卿。雷根總統才剛上任幾個月，就在 1981 年 3 月 30 日中彈。在那個千鈞一髮的一天，海格衝進白宮新聞發布廳接掌總統事務，說出人盡皆知的一段話：「各位先生，依據憲法規定，繼任順序是總統、副總統，再來是國務卿。要是總統想讓副總統掌舵，他會把國家交給他，但他沒那樣做，因此現在白宮由我做主。」

　　海格這段話有一個很大的問題：《憲法》第二十五條修正案說，總統缺位時，副總統再下去應該是眾議院議長、美國參議院臨時議長，然後才是國務卿。海格接掌白宮被大肆批評，後來只再當了一年國務卿就辭職。不滿海格誇大自身權勢的同僚表示：「那次的白宮事件，民眾譴責海格先生的程度幾乎是聞所未聞。」這件事後來跟了海格一生，他 2010 年去世時，大部分的訃文都提到他被大加撻伐的一句話：「這裡由我作主。」

　　掌權者自私又無視於他人時，通常會變成偽君子，虛偽是領導人最要不得的行為。虛偽的意思是雙重標準，用嚴格的道德標準要求他人，自己的行為卻違反道德規範。我們與科隆大學拉默斯教授的研究顯示，權力的確會增加偽善程度——權力讓掌權者在替其他人立下嚴格規範的同時，自己卻破壞法律，隨心所欲。

看美國兩個鬧得沸沸揚揚、最後灰頭土臉下台的州長就知道：艾略特・史必哲（Eliot Spitzer）與羅德・布拉戈耶維奇（Rod Blagojevich）。史必哲原本是致力於打擊賣淫集團的檢察長，甚至打擊據說會助長買春團的旅行社。他瞄準男性尋芳客，簽署「人口販運防治法」，加重嫖妓刑責。然而 2008 年 3 月 10 日那天，世人卻發現他經常召妓，兩天後，史必哲辭去紐約州長職位。

布拉戈耶維奇的例子也差不多，這位州長把自己定位為改革者，誓言打擊「貪腐、管理不善與錯失機會帶來的後遺症」。後來卻被發現賣官，把美國參議員的缺位（歐巴馬〔Barack Obama〕2008 年當選總統、辭去參議員留下的空缺）賣給出價最高的人。拉戈耶維奇被錄到說出：「我手上有這東西，值錢得不得了，才不會白白送給他人。」

史必哲虛偽的地方，在於他立法打擊嫖客，自己卻跑去買春。布拉戈耶維奇虛偽的地方，則是打著改革的名號，譴責他人貪污，卻明目張膽地破壞自己提出的道德標準。兩個人最後都沒好下場。

　　偽君子令人難以忍受，群情激憤，想讓壞人得到報應，而偽君子通常也的確得到報應。這也是為什麼偽善的人無法掌權太久，自私加上虛偽會讓國王下台。

　　傲慢與過度自信可以解釋，為什麼許多有權有勢的人自私又刻薄，不過，掌權者感受到威脅、覺得旁人不尊敬他們時，也會做出不好的事。事實上，「權力」加上「低社會地位」是特別致命的組合。我們都碰過那種行政人員，所謂「閻王好見，小鬼難纏」，這種人會利用自己的權力刁難別人，我們稱這種人為「小暴君」。

　　「權力」加「低社會地位」這個不良組合，特別惡名昭彰的例子是美國在伊拉克阿布格萊布監獄的獄卒虐囚事件，2004 年時，監獄警衛在囚犯身上濫用權力的照片曝光。其他較為小型的例子則包括有時刻意刁難的警衛、監理所人員、保險理賠人員、夜店保鑣。如同一知半解比完全無知危險，小小的權力有時是很危險的事。

　　我們與南加州大學納森尼爾‧法斯特（Nathanael Fast）所做的研究顯示，受試者擔任不被尊敬、但擁有一些支配權的職務時，就容易變成「小暴君」。我們在實驗中，給每一個人要求別人做事的機會，受試者擁有這種權力、但覺得不受尊重時，要求別人做低下的事的可能性幾乎是兩倍，例如要某個人講五次「我是髒鬼」，或是一直學狗叫。這些「小暴君」靠著踐踏他人，彌補自己受傷的自尊。

權力得來不易，然而世上沒有永遠的掌權者。不論是出於傲慢虛偽，或是地位低下加上感受到威脅，人們濫用權力的原因有很多。掌權者如果不在乎周遭的人，便是讓自己處於失勢的危險。國王如何能保住王冠？關鍵在於了解掌權帶來的好處，但又能抗拒濫用權力的誘惑。

找到正確平衡：我們要如何加速又不會撞車

權力有如靈丹妙藥，可以讓人積極進取，自信樂觀。不過，太興奮也不好，要享受權力帶來的好處，做事得有分寸。像國務卿海格那樣，要是行為超出實際權力，就會被逐出團體。對掌權者來說，被放逐是最悲慘的命運，本書的前言也提過，最令人痛苦的折磨就是社會孤立。

　　如何才能折衷？一方面，讓自己感受到權力，可以帶來真正的力量；另一方面，要是我們表現出來的權力不符合自己的身分，將遭受社交懲罰。要如何在兩者之間取得平衡？

　　要解決這個看似矛盾的兩難，首先得了解與「權力」與「社會行為」有關的兩件事：第一，相較於我們實際擁有的權力，我們每一個人可以表現出多少權力，在任何時候都有一定的「範圍」。如果超出那個範圍，很可能會受到懲罰。如果是在範圍之內，就可以表現出比實際還大的權力⋯⋯不過還是有限度。換句話說，我們做人可以有高度，但不能過於自大。

　　第二，「自信」與「謙卑」兩者其實並不衝突。有權力的人碰上麻煩，通常是因為不夠謙卑，而不是因為過度自信，例如以工作面試來說，最成功的申請人是展現出自信、但也尊重面試官的人，因此關鍵是抓到正確平衡，自信但又謙虛。

　　前文提過，權力是讓人們在公路上加速的心理油門，權力讓我們更自信、更樂觀，更快抵達目的地。然而，若要在加速時不會橫衝直撞，不危及自己與他人的性命安全，得有一套讓自尊不會過度膨脹的方法。我們需要方向盤。

　　我們可以抓住的方向盤之一是「觀點取替」。簡單來講，

「觀點取替」就是從他人的觀點看世界。後文還會再提到，我們的研究顯示，能夠採取他人的觀點，是掌握敵友關係的關鍵。

要避免過與不及，關鍵是理解聽眾的角度，從他們的角度看事情。例如以「權力姿勢」來說，在老闆面前擺出權力姿勢，效果不會好。老闆可能感受到威脅，覺得你在挑戰他的權威。這也正是為什麼我們最好是在互動「之前」擺出權力姿勢，在上場前做出相關姿勢，可以讓我們心中多一份自信，但對外依舊表現謙遜。

從他人觀點出發的能力，讓掌權者看得見公路上其他人，並且讓權力比較小的人更想合作。因此，掌權者可以靠著從他人的角度看世界，有效保住權力與運用權力。

我們與紐約大學馬基所做的研究發現，結合「權力」與「觀點取替」可以帶來幾種好處，例如更能有效解決問題。我們發現，團隊中的掌權者若在練習中被促發觀點取替，團隊將更能分享關鍵資訊。其中一場實驗，我們讓掌權者做觀點取替，他們靠著增加團隊討論與分享的資訊量，帶領團隊做出更好的選擇。

如同車子需要同時擁有加速能力與方向盤，才能抵達目的地，我們人也需要同時運用權力與觀點取替才能成功，而且一直穩坐王位。

要怎麼做，掌權者才會變成更有效的觀點取替者？方法是把注意力放在團隊目標。密西根大學的蓮・托斯特（Leigh Tost）發現，當她引導掌權者專注於完成團隊目標，做出最佳決策時，他們就會考慮並整合專家的觀點與意見。當掌權者把注意力放在團隊目標，而不是想要把持權力的自私目標時，將更可能發現別人也能貢獻寶貴意見。

另一個方法則是讓掌權者為自己的決定負起責任，要求他們解釋自己的政策，以及為什麼要做哪些事。我們的研究發現，「當責」也能讓掌權者考慮相關重要人士的觀點。

要運用權力帶來的好處，又不會有傲慢、自私等副作用，還有一個方法則是選擇原本就擁有優秀心理方向盤的領袖。如何知道誰擁有良好的方向盤？一則流傳已久的約會建議是說，第一次約會時，可以觀察約會對象如何對待餐廳服務生。對方在你面前可能表現出最好的一面，然而，有朝一日你脆弱無助時，他們平日如何對待權力不如他們的人，就會如何對待你。拉德伯德大學的盧斯・凡克（Roos Vonk）發現，巴結上位者、欺負下位者的人最偽善。

挑選領袖時，尤其要測試他們如何對待有權和無權者，讓最容易濫用權力的人選現形。掌權者比較不需要依賴他人，也比較不受制於人，因此，他們如何運用權力，將透露真實的本性。政治家羅伯特・格林・英格索爾（Robert Green Ingersoll）用來形容林肯總統（Abraham Lincoln）的話很能說明這一點：

想測試一個人的品格，就給他權力。

一般人的行為通常受到約束，然而有了權力後，約束消失，人就會展露出最真實的一面。

沒錯，當國王的滋味很美好，穩坐王位也很美好。我們的研究顯示，掌權者若培養出透過他人觀點看世界的能力，比較可能保住自己的位子。「權力」加「觀點取替」會帶來更強大、更持久的王國。

本章討論了權力如何影響個人行為，下一章則要看權力如何影響團體，以及什麼時候井然有序的階級是好事，什麼時候又會致命。

CHAPTER 3

無所不在的階級制度，有時很好，但有時很糟

　　南芝加哥地區的天主教神職人員麥克·弗萊格（Michael Pfleger）犯下滔天大罪，不過他的罪無關違反獨身誓言、金融詐騙、挪用公款或企業非法行為。他犯的罪是有話直說，公然違抗教會直接下達的命令。

　　當年弗萊格神父才三十歲出頭，就成為芝加哥教區最年輕的正主任司鐸。少年得志的他，一向以敢說敢做聞名。他大肆抨擊菸酒的路牌廣告，甚至動手破壞，最終說服市政府清除特定街區的廣告。

　　然而 2001 年時，弗萊格神父再度心直口快，在錯誤時機、錯誤地點、對著錯誤對象說出心中的話。事件起火點是位階比他高的樞機主教法蘭西斯·喬治（Cardinal Francis George）要求他離開

聖薩比納教區，前往附近的芝加哥里奧天主教中學擔任校長。

　　弗萊格神父不願意離開服務三十年的教區，不但拒絕接受調職令，還公開挑戰這件事，在電台節目上說他寧願離開天主教會，也不想接受聖薩比納以外地區的職位。上頭的人不太高興。芝加哥大學神學教授懷特・霍普金斯（Dwight Hopkins）形容此次抗命的嚴重程度：「樞機主教的地位僅次於教宗。神職人員如果不服從樞機主教，是在違抗可以回溯到耶穌基督的一脈相承。」

　　2011 年 4 月 27 日，弗萊格神父被停職，破壞教會階級制度的人必須接受嚴重處罰。

　　十個月前、一萬公里之外，也發生過一起類似事件。那起事件的背景十分不一樣，但同樣發生在階級分明的組織。2010 年 6 月 22 日，《滾石》（*Rolling Stone*）雜誌上〈脫韁將軍〉（The Runaway General）一文揭露史丹利・麥克里斯特爾將軍（Stanley McChrystal）的言論。麥克里斯特爾將軍是美國與北大西洋公約組織（NATO）的阿富汗總指揮官，報導指出他公開表達對美國文官的不滿，對歐巴馬總統尤其感冒。「麥克里斯特爾喜歡痛罵歐巴馬政府眾多高官」，還特別指出自己對於最高統帥有多麼不以為然。

如同神父在主教之下，美國的軍事體制規定將軍是總統的下級。麥克里斯特爾將軍和弗萊格神父一樣，違反了自己理應遵守的社會契約，報導刊出僅一天便辭職。軍隊和天主教會一樣，最好永遠不要批評上級，尤其不能公開批評。

天主教會與軍隊擁有人類社會最嚴明的階級制度。天主教會在聖三一之下是一連串的人類指揮系統，最上面是教宗，再來是樞機主教、主教、司鐸、執事／修女、最後是教友。美國軍隊最上面是上將，再來有中將、少將、准將、上校、少校、上尉、中尉、少尉、中士、下士、最後是兵。

我們不禁要好奇，教會與軍隊這兩個組織十分不一樣，一個帶人上天堂，一個送人到來生，為什麼兩者有如此類似的嚴格階級組織？

這個問題的答案很能說明為什麼階級制度是世界上最無所不在的社會組織，不同團體、不同國家、不同文化都有階級制度：階級制度讓人類得以在瞬息萬變的社會環境中找到方向。

前文提過，人類天生是社會性動物，部分研究人員認為，人類之所以成為「超社會性物種」，是因為合作的群體讓我們的老祖宗得以勝過演化上的對手。然而，團體生活也帶來眾多挑戰。

我們如何才能齊心協力？如何讓個人不追求私利，完成大我？答案很簡單，就是階級制度。

階級制度解決了一邊是合作、一邊是競爭的兩難局面。這就是為什麼階級制度是最有力的社會組織，為什麼階級制度迅速崛起，以及為什麼一旦出現階級制度便很難打破。不論是企業的升遷「階梯」、中學的走廊或動物王國，階級制度無所不在。

然而，有時不是努力往上爬，就能在階級制度中成功。階級制度的致命弱點，在於僵化的架構會限制住低階者貢獻智慧與創意的機會。階級制度會犧牲許多事，最糟的情況下會扼殺好點子……甚至讓人喪命。

我們從各種角度研究階級制度何時是好事、何時是壞事，接著發現很重要的一件事：**越需要「群策群力」的任務，越不適合採取階級制度。**後文將解釋哪些因素可以讓眾人發揮智慧，以及為什麼太多的上下之別，導致美國政府得花 1,823 億美元紓困，還策畫了一場失敗的入侵，以及為什麼登山團隊在聖母峰丟掉性命。

我們得想辦法讓階級制度為我們所用，而不是被制度所困。因此後文要討論如何運用階級制度的好處，但又避開弊端，以最少的傷亡，一路奔向勝利。

階級制度的出現

　　階級制度是包括人類在內的物種最明顯的社會組織形式，看蜂巢就能了解背後的原因。蜂巢象徵著合作，猶他州甚至將蜂巢圖案放上州旗，象徵該州促進社會和諧的精神。蜂巢的成員合作無間，有人說整個蜂巢是一個生氣勃勃的有機體，有如「一隻具備多個身體的哺乳類動物」。蜂巢的每一個成員各有各的任務，有的負責清潔，有的負責建造，有的負責尋找食物，有的負責看守，當全部的蜜蜂集合在一起時，個別蜜蜂的行為交織成齊心協力的交響樂。

　　蜂巢的獨特之處，在於每隻蜜蜂完美配合、合作無間，被視為一個「超有機體」。演化成超有機體的物種極為罕見，但一旦出現，便非常成功，出現超有機體的物種甚至不曾滅絕！超有機體極度成功的原因在於階層分明，每一個成員同步與其他成員扮演好自己的角色，個體的競爭欲望被壓下，大家一起為了群體努力。

　　蜂巢完美示範了階級制度帶來的分工。人類的分工通常是「見樹」與「見林」的差別，領袖與追隨者各自努力不同的方向，領袖看見整體的「林」，下面的人則看見個別的「樹」。將軍必須做全盤考量，思考抽象的備戰與策略問題，不能把心力放在坦克車要怎麼開、噴射引擎要如何操作。執行長必須思考公司的財務狀況，底下的會計師則負責計算數字。美國總統應該專注在經濟、外交等大議題，不該攬一堆瑣事在身上，例如管理網球行程表（顯然卡特總統〔Jimmy Carter〕會做這種事）。分工讓所有必須完成的事都有專人負責。

　　此外，階級制度這隻看不見的手讓團體成員合作，讓大家知道誰負責在什麼時間、用什麼方式做什麼事，每個人清楚不同層級的人該做哪些事情，促進有效互動。階級制度可說是靠著簡化社會互動來促進互動。

　　Google 原本以為，自己成功營造出不需要階級制度的工作環境，不過最後發現行不通。Google 創始人賴利・佩吉（Larry Page）與謝爾蓋・布林（Sergey Brin）最初做了革命性的實驗──不設管理者，創造出完全扁平的組織。那場實驗的確讓人大開眼界，然而結果是失敗的。

　　缺乏階級帶來混亂與不知所措，佩吉與布林立刻發現，Google 需要經理負責設定方向與鼓勵眾人合作。就連 Google 也需要某種類型的階級制度。

上一章提過，當國王的滋味很美好，也因此，階級制度像是一種獎勵制度，讓人有動力往上爬。位子越高，獎勵越多，威脅越少，於是，我們有動機努力工作，為團體付出，希望有朝一日能在階級制度中往上爬，收割辛苦耕耘後的成果，例如加薪、更響亮的職稱、更大的辦公室、更近的停車位。

前述的想法暗示著如果今日與人合作、為團體奉獻，明日就能爬得更高。史丹佛大學的羅伯・威勒（Robb Willer）發現，團體中具備合作精神的成員升遷較快：犧牲小我、完成大我的成員擁有更大的影響力，而且獲得更多的社會獎勵。下位者如果服從組織上位者，與他們合作，讓團體欣欣向榮，也能間接受益。團隊如果成功，每個人都會分到獎勵。合作可以帶來競爭的好處。

這樣一想，就能明白為什麼軍隊與天主教採取階級制度，兩者的成員將自己的欲望昇華成讓團體成功的精神。軍隊象徵著犧牲小我、完成大我，成員甘願為了團體，拿自己的性命冒險。同樣的，天主教會的神職人員為了教會，犧牲個人最根本的欲望——性與家庭。天主教會是人類史上最淵遠流長的組織，而教會強大的階級制度解釋了這個組織屹立不搖的原因。

　　階級制度對人類來說還有另一個好處，不過這個好處純粹是心理層面的好處。請回想一下，上一次你希望自己所屬的團體有明顯階級，想知道究竟是誰說了算，當時你為什麼那麼渴望知道由誰當家作主？

　　如果各位和大部分的人一樣，危機四伏，或是對大環境感到無力時，你會覺得階級制度是好事。人類在情勢不明時強烈渴望秩序，而階級制度能提供必要的秩序架構。因此，當我們無力掌控情境時，心理會受到階級制度吸引，因為階級制度在混亂之中提供明確的答案。我們在約克大學賈斯汀・費理森（Justin Friesen）主持的研究計畫中發現，人們覺得自己無力掌控時，較可能認為階級制度是最合適的社會組織形式，此時人們想要被領導，而且願意跟隨。

　　翻開政治史會發現，民眾在混亂時的確想被領導，因此 2001 年發生九一一恐怖攻擊事件後，許多美國人願意給政府更多權力。民眾渴望被領導的心理，甚至可以解釋為什麼德國、義大利在一戰過後的經濟蕭條中成為威權國家。

　　階級制度帶來的心理層面好處，也延伸到天堂。史蒂芬・賽爾斯（Stephen Sales）分析美國二十年間（1920 年至 1939 年）的教會成員，將此一時期分成兩段，一段是景氣繁榮、經濟成長的時期（1920 年代），另一段則經濟混亂、平均個人所得下降（1930 年代）。賽爾斯接著又將教會分為兩類，一類是「階級制度教會」，例如羅馬天主教會、耶穌基督後期聖徒教會，一類是「非階級制度教會」，例如新教聖公會、長老教會。賽爾斯用層級多寡來定義教會是否屬於階級制度教會，例如羅馬天主教會從平信徒一直到上帝，共有十七階，而長老教會只有七階。

賽爾斯發現，在經濟繁榮的時期，民眾較可能改上非階級制度教會，經濟不景氣時則倒過來，階級制度教會招募到較多成員。杜克大學亞倫・凱（Aaron Kay）與我們所做的研究發現，個人層面也出現相同效應：人們回想自己無能為力的時刻後，更相信更為階級分明、全知全能的上帝。

人類會在內憂外患時尋求階級制度保護的概念，也可以解釋為什麼某些國家的階級制度，比其他國家嚴明與穩固。馬里蘭大學的米雪兒・傑方德（Michele Gelfand）分析全球各地三十三個國家，發現只要社會感受到壓力，或是社會安全面臨重大威脅，階級制度就會興起。歷史上，國家如果面對人口密度、稀缺資源、天災、戰爭、疾病等方面的問題，就會更傾向階級制度。

為什麼跟老闆組隊，勝過和好友組隊

　　前文提過，不論是人類或蜜蜂，階級制度會帶來分工，促進合作，帶給成員做事的動力，還能提供心理上的安全感。

　　資源稀缺一般會帶來衝突，此時最能看出階級制度的好處。還記得嗎？資源稀缺是人們擺盪於「合作」與「競爭」的基本原因。然而，眾人面臨兩難、不知該如何分配團體稀缺資源時，階級制度提供了簡單的答案：上位者分到最好的戰利品。

　　艾瑞克・狄卡瓦斯坦（Erik de Kwaadsteniet）做過一系列研究，幫助我們了解階級制度如何促進社會協同與減少衝突。他的聰明實驗利用一個特別的遊戲證實一個重點。

　　想像一下，你和老闆玩遊戲，兩個人必須互相協調才能拿到獎金。這個遊戲的名稱是「協調賽局」，你和老闆各自都可以得到獎金，不過前提是你們兩個人必須選同一個選項，麻煩的地方在於，你們兩個人是各自決定，彼此無法商量。遊戲有兩個選項，選項 A 是你拿到八張彩券，老闆只拿到四張。選項 B 則是老闆拿比較多。如果你選 B，老闆拿到八張彩券，你只拿到四張。

　　你會怎麼選？ A 還是 B ？不要忘了，你和老闆得選同一個選項才能拿到彩券。

　　好了嗎？現在想像一下，同一個遊戲你和最好的朋友玩，你會選哪一個選項？

　　大部分的人想和好友一起玩遊戲，不想跟老闆玩。不過如果是這個遊戲，和老闆一起玩的話，拿到錢的機率比較高。為什麼？因為如果隊友是老闆，你們兩個人的地位誰高誰低很清楚，你知道該如何配合對方行動。如果依照階級高低來決定，你們兩個人都會選老闆拿比較多的選項，也因此你們兩個人得以協調彼此的行動，兩個人都拿到彩券，雖然老闆拿到比較多張。

　　現在想一想，同樣的遊戲如果是和最好的朋友玩，你可能慷慨大方，讓朋友拿到更多彩券，然而問題是好友的想法可能也跟你一樣，你們兩個人互相禮讓的結果就是，兩個人什麼都拿不到。另一種情形則是你預期朋友會讓你，選擇了自私的選項，然而朋友可能也是這樣想，也選自私的選項。兩個人都自私，兩個人什麼都拿不到。

　　和地位相同、權力一樣大的人玩這個遊戲，就沒有「明顯」的選項。缺乏明確的身分位階時，協調變成一件難事。結論是，這一類的「協調賽局」，階級可以幫忙做出判斷，最好和老闆組隊，而不是跟好友組隊。

　　同樣的道理，如果兩個人都是老闆，也不適合玩這個遊戲，兩個權力一樣大的人湊在一起，特別難以協調彼此的行動。迪士尼請邁克・艾斯納（Michael Eisner）和華納兄弟前主管法蘭克・威爾斯（Frank Wells）一起擔任共同執行長時，艾斯納之所以說「不，謝了」，大概就是為了這個原因，他覺得雙頭馬車的「共同」執行長行不通。艾斯納的看法是對的，我們做過的研究證實，不論是時尚圈或爬山，共同領導都不是好點子。

　　我們參與過哥倫比亞大學艾瑞克・安尼屈（Eric Anicich）與歐洲工商管理學院弗雷德里克・高達特（Frédéric Godart）主持的實驗，一起蒐集全球高級時尚產業數據，我們研究 2000 至 2010 年間二十多個時尚季，利用業界標準評估各間公司的創意表現。我們採用法國產業雜誌《紡織報》（Journal du Textile）的評分標準，該雜誌請七十位產業買家評分，評估每一季每家公司的時尚創意程度。

　　數據明確指出，有共同創意總監的公司得到的創意分數，一律低於只有一名總監的公司。而且不只時尚界如此，我們發現，攀登喜馬拉雅山的團隊也出現類似效應：領導者不只一人的團隊，比較容易出現成員死亡的山難事件。

　　共同領導之所以會扼殺點子與害人性命，原因在於，共同領導讓團隊不確定由誰發號施令。當然，領導者不只一人的團隊，不一定都會缺乏效率或造成危機，不過領導者之間如果未能明確分工，難以協調，眾人會因為不曉得該聽誰的話而產生衝突。

　　由超級明星組成的隊伍，是否也和有共同領導的團隊有著相同的命運？人才濟濟是否反而是壞事？

人才太多時：吵吵鬧鬧的籃球員與互啄的雞

　　邁阿密熱火隊在 2010 年夏天震撼籃球界，同時網羅到市場上最炙手可熱的兩名自由球員──小皇帝詹姆斯與克里斯‧波許（Chris Bosh），加上熱火隊的超級巨星德韋恩‧韋德（Dwyane Wade），這下子最頂尖的人才都在熱火隊了。熱火隊開了一場盛大的慶祝派對，歡迎超級明星加入他們，派對上，人們問熱火隊預計拿下多少冠軍獎盃，小皇帝詹姆斯信心滿滿地回答，他們將不只拿下一座冠軍獎盃，「不只拿兩座，不只拿三座，不只拿四座，不只拿五座，不只拿六座，不只拿七座……」

　　然而，在這場歡迎會上，邁阿密熱火隊就已經出現麻煩將至的跡象。主持人請三大巨頭一起站在台上時提到：「所以說這是韋德的家，小皇帝詹姆斯的王國，波許的歸宿。」顯然，三個人無法同時當家，沒人知道誰是領袖——會是韋德嗎？他是老將，已經讓邁阿密熱火隊拿下一座冠軍。會是小皇帝詹姆斯嗎？他是本屆 MVP，也是球場上最銳不可當的先鋒。

很快的，籃球界內部人士已經在思考熱火隊是否人才太多。弄不清楚誰才是領袖，是否會讓球隊的表現受到影響？2010 年秋天，運動作家比爾・席蒙斯（Bill Simmons）發表感想：

> 他們認為兩個領袖級的超級明星……可以變成籃球隊的共同執行長。小皇帝投奔邁阿密南灘時，我的直覺是「行不通」。

同年秋天，費爾・梅蘭森（Phil Melanson）也在部落格上關切同一件事：

> 如果熱火隊碰上需要靠關鍵的最後一球來決定能否贏得比賽，那麼，由誰來投那一球……球員之間沒有共識，他們得找出誰先誰後的明確「啄序」，否則會秩序大亂。

　　邁阿密熱火隊的確該擔心球員缺乏明確的階級順序。熱火隊在最後關頭的戰術執行與協調一團亂，2010 年至 2011 年球季以些微差距（差距 5 分之內）輸掉比賽的場次，高達 32％，三十個隊伍中排名第二十九。前一年，熱火隊客觀上來講陣容沒那麼強，但誰是領袖很明顯，韋德是隊上的領袖。比數接近時，熱火隊有58％的機率會贏。但新明星加入後，熱火隊變得無法同心協力，因為球員之間缺乏明確階級。

　　一年後，熱火隊贏得冠軍，原因很諷刺。熱火隊那年會贏，大概是因為韋德和波許都受了重傷，三巨頭只剩一巨頭，小皇帝明顯成為隊上領袖。席蒙斯表示：「韋德膝蓋受傷……無意間解決了巨頭之間各唱各調的問題，人才少即是多。」

　　我們覺得「人才少即是多」的概念很有趣，於是和歐洲工商管理學院羅德瑞克・史瓦伯（Roderick Swaab）一起分析 NBA 十年賽績。我們的分析結果和邁阿密熱火隊的情形不謀而合，一個隊伍中，頂尖球員的數量多到某種程度時，勝率不但不會提高，反而會下降。那樣的隊伍擁有太多人才！

　　對籃球隊來說，明顯的階級能帶來更好的表現，為什麼？因為有明確啄序的隊伍傳球更有效率，球員有更多出手機會。球隊經理和教練都知道，把一群自尊心與才華都過人的個人放在一起，要讓他們彼此協調，說起來容易，做起來難。隊上全是明星的球隊，很容易從同心協力變成勾心鬥角。個人利益勝過團體利益時，團體的表現會變差，不再是分工合作的超有機體。

美國奧運籃球委員會也碰上人才過多的問題。美國先前稱霸國際籃球賽事，卻在 2002 年、2004 年接連慘遭滑鐵盧，在 2002 年的 FIBA 世界錦標賽令人跌破眼鏡，只拿到第六名，2004 年夏季奧運只拿到銅牌。

2005 年，傑瑞・克藍格羅（Jerry Colangelo）接掌美國男子國際籃球隊，立刻宣布自己將招募「更少」明星，把重點擺在協調與放下個人利益：

> 我要做的第一件事，就是成立真正的國家隊，而不是組成全明星隊……也就是說，教練與球員必須奉獻三年心力。我將打造團隊精神、兄弟情誼、團結隊伍……重點不再是你，重點是美國隊。走進這扇門，就得收起自我……籃球是徹徹底底的團隊比賽……我們要的是能襯托出明星紅花的綠葉球員。

克藍格羅說到做到，2010 年請來安卓・伊古達拉（Andre Iguodala）。《露天看台報導》（*Bleacher Report*）指出：

> 伊古達拉不是隊上最優秀的球員，但很適合美國隊……隊上大部分的人很會防守，他們需要有一個人幾乎是全心顧著自己的半場，那個人就是伊古達拉。伊古達拉很會抄截，很會搶球，也很會發動快攻。

神奇的事發生了，新的奧運隊球員挑選標準產生效果！美國奪下 2012 年奧運金牌，接著 2014 年也稱霸世界錦標賽。

不只是籃球場上會有人才過多的問題。在企業界，積極搶人才的公司認為人才越多，績效就越好，然而哈佛大學的鮑瑞思・葛羅伊斯堡（Boris Groysberg）發現，華爾街券商分析師也出現人才過多效應。頂尖人才的確會提升績效，但人才只能多到一定程度，再多就會出現負面效應，開始影響績效。

人才太多時，明星與地位高的個人會開始內鬥，搶著當老大。洛杉磯加州大學的科寧・班德斯基（Corinne Bendersky）證實，地位之爭會傷害團體表現。最上面有太多人的時候，個人忙著競爭，無法齊心協力與他人合作，如同前文提到的「協調賽局」，兩個老闆一起玩將無法達成協議。

「團隊會不會成功，啄序很重要」，這個概念是來自⋯⋯嗯，雞。

各位可以想像，雞蛋販商希望生產很多雞蛋，因此挑最會生蛋的雞來配種，然而，如果把大量最會生蛋的雞統統放在一起，將發生糟糕的事——總雞蛋生產量會暴跌！更糟的是，雞隻死亡率會狂升！為什麼會這樣？因為最會生蛋的雞，競爭心也最強，牠們被放在一起時會搶食物、搶空間、搶地盤，啄個你死我活。不論是雞、企業人士或籃球員，績效高的動物競爭心也強，地位之爭會造成表現下滑。

團體裡有太多老大之所以會影響績效，也和我們先前討論的權力現象有關。還記得嗎？光是讓人們回想自己握有權力的時刻，就足以增加自信與決斷力。然而，要是滿屋子都是決斷力很強的人，就會出現衝突。因此我們好奇，要是促發團隊裡每一個人的權力感，不曉得會發生什麼事。大家會不會像雞一樣吵成一團，接著互啄？

為了找出答案，我們做了以下實驗，請各組受試者做需要彼此協調的任務：每位組員至少要提供一個字來造句。組員得整合彼此的貢獻，才有辦法成功完成這項實驗任務。

開始造句之前，我們控制每一組被促發權力感的人數：三人一組時，在「全員高權力」情境，三個人都回想與寫下自己擁有權力的時刻；在「全員低權力」情境，三個人都回想自己無能為力的時刻；在「階級制度」情境，其中一名組員回想自己擁有權力的時刻。

實驗結果證實我們的猜測：三名組員全都自信滿滿的組別發生激烈爭執，每個人搶著當老大，就像一群產蛋量高的雞或明星太多的籃球隊，也因此表現不如其他組。所有組員都垂頭喪氣的組別，也表現得不好，大家都缺乏主動提出意見的欲望，跟隨者太多，每個人都在等別人出來領導。只有一個人被促發權力感的階級制度組，是三組中表現得最好的一組。

我們接著做追蹤實驗，以睪固酮做為權力與支配的生物標記。各位如果想知道自己在母親子宮內接觸到多少睪固酮，可以看一看自己的食指與無名指。研究顯示，食指與無名指的長度比，可以看出子宮睪固酮暴露量。如果無名指比食指長很多，代表還在媽媽子宮裡時，暴露於較大量的睪固酮。如果兩根手指差不多長，代表在子宮中暴露於較少量的睪固酮。

　　用手指長度來判斷一個人的行為，聽起來有點荒謬，然而有證據顯示，出生前暴露於高睪固酮濃度，對於威脅到自身地位的事物會特別敏感。換句話說，高睪固酮的人比較容易覺得不受尊重。

　　我們利用這個標準，將受試者分為「全員高睪固酮組」、「全員低睪固酮組」、「混合高、低、平均睪固酮組」，請他們做前述的造句任務。實驗結果類似第一次的實驗，「全員高睪固酮組」的表現遜於混合組，因為他們花比較多的時間吵架。

　　這個效應甚至也出現在狒狒的研究。兩隻狒狒都是高睪固酮時，牠們會以可能造成衝突的自信競爭姿態走向對方。兩隻狒狒睪固酮濃度不同時，低睪固酮的狒狒則會禮讓，自己走開。

　　總而言之，啄序可以帶來有效的協調合作。人才太多時，可能因為缺乏必要的啄序，造成團隊秩序大亂。不論是拿下 NBA 冠軍、在戰場上獲勝，或是建立與維持蜂巢，一群人整合成合作無間的整體時，效率較高。階級制度可以壓制個人欲望，每個人的行為配合他人的行為，進而達成協調合作。

　　然而，有時人才越多越好，例如棒球就是這樣。我們研究棒球隊人才與表現之間的關連，取與籃球隊研究同一時期的十年數據，發現棒球吸引最佳人才的好處呈線性，也就是說，人才越多越好，人才過多效應並不存在！棒球沒有人才過多這回事。

這個研究發現該如何解釋？前文也提過，如果協調是成功的關鍵，此時階級制度最能派上用場。因此，會不會有人才過多的問題，要看團體表現有賴成員彼此協調的程度。

從團隊有多需要成員彼此協調的角度來看，棒球與籃球是相當不一樣的運動。棒球是依序上場打擊，而不是同時上場。每一位球員都是獨立揮棒，因此每一位打擊手得到的揮棒機會差不多。當然，棒球仍舊有需要同心協力進攻的時刻，然而攻方球員需要相互協調的程度不如籃球。籃球賽中，一個隊伍能出手的次數有限，投籃機會是稀缺資源，球隊需要靠某套機制有效分配由誰出手，以減少紛爭。此外，籃球隊員需要彼此合作，才能創造出高投球率。相較於棒球，籃球在進攻時，球員彼此依賴的程度較高，場上的五名球員必須不斷地彼此協調、彼此支援。

籃球與棒球之間的差異，可以從 2010 年春天出現時間只差三天的兩句話看出來。運動專欄作家席蒙斯提到，棒球是「假裝成團隊運動的個人運動」。歐巴馬總統則在 CBS 的「瘋狂三月」籃球賽節目上說，籃球「基本上是團隊運動」。

　　換句話說，個人如果和棒球員一樣，大部分的時間獨立執行任務，不會有人才過多的問題。然而，如果是必須相互依賴的情境，例如蜂巢、華爾街研究團隊、籃球場，人才濟濟反而帶來普普通通的表現。

　　籃球、華爾街、雞與睪固酮的數據，都提供階級制度是好事的例子。棒球隊的數據則顯示，有時階級制度不重要。然而，階級制度有時不但有害，造成表現不佳，甚至害人丟掉性命。

階級制度有害的時刻

　　我們研究階級制度何時有利、何時有害之後，發現越需要「群策群力」的任務，階級制度似乎越沒用。什麼樣的任務是需要「群策群力」的任務？

　　人類向同類學習的能力勝過其他物種，有辦法從彼此身上學到東西與累積知識。人類需要同心協力的情境通常與腦力有關。

　　因此，需要「群策群力」的任務，指的就是認知複雜度高的事。這一類的任務需要考量的事情太多，無法靠著單一觀點就找出所有必要資訊。例如開飛機、動手術、決定國家該不該開戰等複雜的任務，當事人需要處理與整合大量資訊，還得設想未來可能出現的無數場景。

任務越複雜，就越可能出錯或漏掉關鍵事物。如果是一定得靠眾人一起動腦的任務，無法只靠直覺或一起出力就能完成，此時階級制度的弊端可能超過好處。為什麼？因為如果要做出最佳的複雜決定，就得聆聽各階層的點子，向具備相關知識的每一個人學習。

很多時候，事情是怎麼一回事，其實底下的人最知道，不過如同弗萊格神父與麥克里斯特爾將軍的例子，強大的階級制度會讓違抗指揮系統的聲音噤聲。我們需要聽到團體的不同聲音時，階級可能會礙事。

史蒂夫・賈伯斯（Steve Jobs）明白階級制度讓人無法發聲，他在 2010 年說過：

> 你得靠點子管理，不能靠階級制度，一定得讓最好的點子出頭。

賈伯斯努力讓自己經營的公司減少階層制度，他掌管皮克斯期間，總部的設計方式讓公司不同層級的人有機會經常碰面。前門、樓梯、走廊，全都通往餐廳與郵箱所在地的中庭。通用汽車的總部「文藝復興中心」則很不一樣，高階主管各自有通往個人私人停車場的電梯。

最懂得讓組織裡所有層級的每一個人都能發言的企業，就是矽谷頂尖設計公司 IDEO。IDEO 被視為全球最創新的企業，贏過的「IDEA 國際設計傑出大獎」獎牌勝過任何公司。

IDEO 歡迎點子，而且是很多很多點子。IDEO 為了帶來破天荒的創意，限制階級制度在腦力激盪時間扮演的角色。創始人戴夫・凱利（Dave Kelley）甚至表示：

IDEO沒有公司階層，也沒有管理架構。

雖然公司內職等與薪水各異，但每個人的名片上都只寫著「設計師」。腦力激盪會議上，沒有頭銜，只有點子。

IDEO 的文化，讓卡內基美隆大學的安妮塔・伍莉（Anita Woolley）找出團隊能夠利用集體智慧的關鍵條件：**大家都有機會分享點子**。伍莉的研究發現，每個人都有機會發言時，團體更能做出聰明的決定。換句話說，團隊會聰明，是因為成員貢獻多元意見。團隊不聰明，則是因為少數幾個人掌控發言權。只有幾個人講話時，團隊會變得不聰明。

　　階級制度造成個人不敢發言的例子，帶給我們許多啟示。以 2008 年的金融危機為例，如今我們知道，當年導致金融海嘯的房市泡沫背後，有金融創新商品信用違約交換（CDS）在推波助瀾。信用違約交換這種金融商品很像保險，投資人可以靠著繳年費投保違約險，不用怕投資泡湯。

　　美國國際集團 AIG 正是提供這類金融保險的公司，靠著不動產抵押貸款證券（MBS）保險賺進不可思議的財富——只要房價一直上漲，AIG 就會收到保費支票，又不用支付賠償金。然而，AIG 財源滾滾時，風暴也籠罩著地平線。

　　不幸的是，AIG 當時的金融產品部門主管是喬・卡薩諾（Joe Cassano），危機浮現時，他不准底下的人講話。如果有人提出挑戰他的立場的資訊，他會大發雷霆，嚇得大家乖乖聽話。卡薩諾尤其不准任何人提出公司的信用違約交換策略出現問題。由於他成功壓下所有不同的聲音，他的團隊在 2008 年金融危機之中過度曝險，而且毫無準備。不動產抵押貸款證券開始違約時，AIG 得支付賠償金，最終美國聯邦政府不得不提供驚人的 1,823 億美元紓困，以免整個金融市場全面崩潰。

　　房市泡沫化的過程中，不只是 AIG 的卡薩諾壓下表達關切的聲音，1987 年至 2006 年的美國聯準會主席艾倫‧葛林斯潘（Alan Greenspan）也支持低利率與有限管制，深信房市泡沫不存在。此外，葛林斯潘還讓業界同仁都知道自己的政策立場，遇到銀行總裁時，一開口便來一場深入發表見解的獨白，接著他會開放讓別人評論，但很少有人敢挑戰這位經濟大師。葛林斯潘之後的聯準會主席班‧柏南奇（Ben Bernanke）則很不一樣，他選擇等每一位委員都有機會發言後，最後才表明自己的觀點。

　　甘迺迪總統曾經跌過一跤，才明白不讓階級制度妨礙發言的重要性。他一開始就鑄成大錯，決定入侵豬玀灣。剛當上總統時，他批准 CIA 策畫的古巴領袖卡斯楚推翻計畫，訓練古巴流亡者在美軍的協助下入侵古巴。1961 年 4 月 17 日，古巴流亡者在豬玀灣登陸，但僅僅打了兩天便全軍覆沒，一千三百人全員被殺或被捕。甘迺迪總統才上台幾個月，聲望便跌至谷底，這場鬧劇讓他看起來年輕又缺乏經驗。

　　豬玀灣計畫會如此失敗，一個很重要的原因是強大的階級制度不准不同的觀點發聲。甘迺迪總統決定是否該入侵時，親自出席每一場關鍵會議，而且一開始便表明自己的立場。表面上聽起來，那也沒什麼不對，然而，總統在場，還措辭強烈地表明自己的立場，無形之中，其他人便不敢發表自己的看法，就連甘迺迪的高級副手都保持沉默，國務卿與 CIA 副局長皆未能向總統坦誠自己的擔憂。甘迺迪的顧問認為豬玀灣計畫一定會失敗，但沒人有勇氣說出口。

　　不過，僅僅十八個月後，有了更多歷練的甘迺迪，改變先前讓自己無法通盤考量豬玀灣計畫的團隊互動方式，這次成功阻止一場核子災難。

　　古巴飛彈危機是情勢瞬息萬變的重大國際事件，我們得以一窺複雜的動態決策過程。熱愛歷史的人士津津樂道，甘迺迪原本想在那次事件的核子裝置得以啟動前，搶先炸掉裝置，但如果美國這麼做，蘇聯也可能炸掉美國的裝置，雙方你來我往，第三次世界大戰將一觸即發，核戰全面開戰。

　　萬幸的是，這一次甘迺迪知道不能讓階級制度礙事，他刻意缺席籌備會，最初不表態。弟弟羅伯特・甘迺迪形容古巴飛彈危機期間的會議：「我們每一個人以平等身分發言，沒有階級，甚至沒有主席。」這次握有相關知識與專長的低階官員也能發言，而且外部專家與新鮮聲音定期加入會議。

少了階級後，新鮮的解決方案冒了出來。甘迺迪總統最終捨棄空襲，靠封鎖方式防止攻擊性武器進入古巴。美蘇達成協議，蘇聯撤除全部的古巴飛彈，美國則保證永不入侵古巴，雙方避開了核子戰爭。

我們也可以從聖母峰的攻頂登山者身上，學到類似的階級制度啟示。

人人都知道，攀登聖母峰可能有去無回。聖母峰海拔高度達八千八百四十八公尺，超過兩百人在試圖攻頂的途中丟掉性命。山上有一帶甚至被稱為「死亡區」。不過許多人不知道的是，攀登高山之所以危險，除了是體能大挑戰之外，也是因為爬那樣的高山需要隨時配合情況做大量複雜的決定。要能不犯下致命錯誤，成功攻頂，探險隊的領袖與成員需要時時溝通協調，而且不只是行動要協調，情勢的判斷也得協調。登山隊必須評估每一名隊員的身體狀況，留意剩下多少補給，還必須在千變萬化的極端氣候中前進。換句話說，階級制度可能帶給登山活動不良影響。

2006 年 5 月，一支美國團隊與一支紐西蘭團隊在下山途中，因暴風雪失去五名同伴，其中兩人是兩支登山隊的領隊。這不幸事件的源頭就是階級制度。正如一名登山者表示：「大家不覺得個人要負起責任⋯⋯登山客被鼓勵視領隊與嚮導為救世主。」團隊成員過於依賴領袖，從不質疑他們的計畫，也不貢獻自己的觀點，最後釀成悲劇。

南韓 2014 年 4 月的船難事件也一樣。失事渡輪在強烈水流中急轉彎後開始傾斜，三百零二人死在船上，其中兩百五十人是高中生。許多乘客原本有機會逃生，然而船開始下沉時，大家乖乖聽船上工作人員的話待在原地⋯⋯直到為時已晚。韓國社會政策研究所所長朴旬日（Bark Soon-il，音譯）表示：「這起災難事件最悲劇的地方在於，學生遵照指示卻丟掉性命。」在南韓等強調人們應該服從權威的文化，階級制度尤其可能致命。

我們做實驗研究「重視階級的文化」能否做為預測高風險情境死亡率的指標。我們與哥倫比亞大學的安尼屈合作，分析五十六個國家、五千多團，一共三萬多名喜馬拉雅山登山者，發現登山者如果來自重視階級的國家，比較容易在喜馬拉雅山喪命。為什麼會這樣？因為在重視階級的國家與文化，決策一般由上而下，來自那些國家的人在情況有變、可能發生問題時，比較不會開口警告領隊，也因此比較可能死於情勢險惡的登山途中。登山者保持沉默以維持階級秩序，卻危及自身性命。很重要的是，我們獨立出「團體」這個因素，證實高死亡率發生在團體身上，而非個人登山者。團體中的個人必須有效溝通時，階級文化會帶來災難。

喜馬拉雅山的情境說明什麼因素讓決策變複雜：**如果環境在一瞬間劇烈變化，我們得隨機應變，此時每一個人的觀點都很重要，然而階級卻可能讓人緘口不言。**

就連軍方也明白，情勢變幻莫測時，不應該執著於階級。舉例來說，2011 年 5 月 1 日那場著名的摸黑突襲行動，兩架直升機載著二十三名海豹部隊第六小隊成員飛抵巴基斯坦，執行捕捉或擊斃九一一恐怖攻擊事件主腦賓拉登（Osama bin Laden）的任務。這次任務十分危險，中途還因為其中一架直升機在接近賓拉登藏身處時迫降，差點演變成災難。海豹六隊當下得隨機應變：他們必須完成任務，摧毀墜毀的直升機留下的機密資訊，而且還得活著回家。

複雜情勢，再加上不可預測性，襲擊賓拉登的任務絕對需要通力合作。由於海豹六隊必須在地面上立刻做出決定，他們被授權採取行動。海豹六隊的特色是「速度」加「見機行事」，「彈性」加「隨機應變」，而不是由上而下的領導。

前面我們討論階級時，提到軍隊是強大階級制度的縮影，階級制度解決了一大群人該如何協調行動的問題。然而，海豹六隊與特種部隊突出的地方，就在於缺乏階級制度。特種部隊沒有士兵與士官長的區別，階級制度較其他軍種扁平，「是一種領袖組織，每個人都可以參與決策過程。每一階的人，軍階再小都可以發言，都可以有看法，而且被允許與鼓勵提出建議。」

如果是瞬息萬變的情境、需要集結眾人智慧的群策群力型任務，階級制度可能讓任務一敗塗地。情勢不斷變化時，每一個人都可能提出扭轉情勢的建言，就算是最低階的成員也一樣。

找到正確平衡：
「心理安全感」讓階級制度可以運作，又不會造成傷害

前文提過，團隊與組織靠著階級制度有效合作，強力運轉，然而，階級分明的體制也會讓下位者不敢發言，甚至釀成死亡悲劇。我們可以如何運用階級制度的好處，但又避開弊端？

約翰霍普金斯醫院試圖找出這個問題的答案，想知道如何才能減少關鍵手術失誤。每一場手術都有風險，感染尤其會帶來問

題，其中又以中心導管感染最為麻煩，因為感染將散布全身，造成死亡風險大增。約翰霍普金斯醫院因此在 2001 年時，執行原本以為很簡單又很有效的解決辦法：提供一目了然的「中心導管殺菌五步驟檢查表」。

檢查表的方法並不成功，未能杜絕高感染率。為什麼？因為醫生雖然使用了檢查表，但是他們幫三分之一以上的病人處理中心導管時，依舊跳過關鍵步驟。

約翰霍普金斯醫院因此使出絕招，授權手術團隊最低階的成員——也就是護士——要是醫生跳過檢查表上的步驟，可以出面干涉。此外，醫院還授權護士在移除中心導管時提問，靠著讓他們大膽說出疑慮，預防無數感染，挽救多條生命。

哈佛商學院的艾美・艾德蒙森（Amy Edmondson）讓一個簡單但影響重大的詞彙熱門起來：能鼓勵團體下位者發言的「心理安全感」。團隊成員在提供心理安全感的環境中被鼓勵問問題，指出關鍵錯誤，甚至分享具有挑戰性的新鮮點子。提供心理安全感的環境較不常發生失誤，還能提出更多創意。

心理安全感在不可能升遷的階級制度中尤其重要。就算在軍方或天主教會，最低階的人也有往上爬的途徑，然而，護士幾乎不可能成為醫生。護士與醫生之間的高牆，讓不同專業難以溝通，造成照護品質受限。這種上下之別可能帶來令人心驚的錯誤，例如醫生用速記「R.EAR」代表藥物應該放進右耳（right ear），然而不確定意思的護士不敢發問，結果在直腸投藥。醫療錯誤原本就很容易發生，要是沒問清楚就依令行事，更是容易發生錯誤。因為害怕問掌權者問題會被邊緣化或處罰，導致人們通常採取表面上安全的做法：沉默不說話。約翰霍普金斯醫院靠著正式制度提供心理安全感，讓護士負責檢查表，授權他們堅持醫生必須遵守正確步驟。

組織是否擁有心理安全感，通常要看上位者平日的行為。他們只需要採取一些簡單步驟，就能減少隔閡，營造出大家都是團隊一份子的感覺。只要公開徵求意見，就能減少眾人害怕開口的恐懼。小小的一些舉動，就能營造出驚人的團結一心感。舉例來說，外科醫生如果邀請護士參加先前只開放給醫生的研討會，除了可以提升其他醫療人員的地位，還能拓展大家的知識與眼界。

我們什麼時候需要階級制度？需要時又該怎麼做？要解決複雜、變幻莫測的問題並做出最佳決策，領導者必須取得最完整、最多元的資訊，需要讓下位者也能貢獻觀點與智慧，因此，領袖與機構必須協助低階的成員得到心理安全感。面對複雜任務，相關努力會帶來明顯的好處。

　　不過，即便人人都可以貢獻所長，我們依舊需要知道誰是老大。在開刀房，我們依舊需要外科醫生帶頭執行手術。決定該不該參戰時，依舊需要總統召集或解散軍隊。此外，一旦做出決定後，我們需要階級制度協調眾人，才可能成功執行計畫周詳的決策。

　　因此，團體或組織若要拿出最佳表現，就得學著拿捏究竟該「多一點階級」，還是該「少一點階級」，找出哪一種階級制度能讓團隊合作，充滿競爭力。

　　掌握基本原則後，就能讓階級制度以最少的傷亡，帶來最大的好處。我們運用階級制度時，有時得讓大家互相配合，有時得讓人們說出心裡的話。

　　階級制度會為了團結一致，壓下個人意見，不接受下位者的重要觀點，階級制度的本質會造成緊張情勢。

　　以下是幾個幫助各位決定要「多一點」還是「少一點」階級制度的關鍵原則：如果是行動必須相互依賴的任務，此時需要協調，也因此階級制度是好事。然而，如果情勢一直在變化，需要眾人提供不同觀點才能做出複雜決定，此時就不宜有太多上下之別，否則階級甚至會讓人喪命。要做出最佳決策，身為領袖的人必須營造心理安全感，鼓勵眾人發言。最後，幾乎每個團體都會需要一名領袖，由那個人來制定願景與路線，並在整合所有不同的觀點後，下最終的決策。

前文提到的 IDEO 設計公司就做到了前述原則，需要大家貢獻智慧時，IDEO 減少階層，讓每一個人有機會參與，激發出新鮮點子，不過即使是在這種時候，IDEO 依舊有人負責領導，只不過那位領導者的任務，僅限於協助大家提出點子。腦力激盪完畢，需要挑出最佳點子並加以執行、生產時，IDEO 就會回到階級制度。需要眾人一起化智慧為行動時，IDEO 透過同心協力的分工，再次恢復階級秩序，此時領導者從協助者化身為將軍。

IDEO 知道整體而言何時需要多一點階級，何時又需要少一點階級，因而能一再推出精彩設計。

先前的章節探討「比較」與「權力」影響著人類心理，本章也討論了團體中的階級制度可以增加效率的時機與方法。下一章將整合相關概念，探討群體與群體間的階級，以及我們自己所屬的群體在社會上的地位，如何限制我們哪些事能做、哪些事不能做。後文會介紹當女王的滋味很美好，然而由於女性的社會力量不如男性，女王比國王綁手綁腳。

CHAPTER 4

當女王的滋味很美好……
不過國王比較好當

　　艾莉絲‧羅賓遜（Iris Robinson）平日呼風喚雨，在北愛爾蘭政壇一路竄升，先是擔任自治市市議員，接著又成為自家選區第一位女市長，並在 2001 年進入國會。艾莉絲進入國會後，不斷擔任領袖職務，最後成為所屬政黨民主統一黨副黨鞭。

　　艾莉絲私底下過著舒適的生活，除了擁有東貝爾法斯特豪宅，與先生兩人在加州有房子，在倫敦也有公寓，平日開著 MG 和奧迪敞篷車到處跑，還公開分享自己購買哪些奢侈內衣。

　　對艾莉絲來說，當女王的滋味很美好。

　　六十歲的艾莉絲和惠普執行長賀德一樣，老牛吃嫩草，看上十九歲的寇克‧麥坎布萊（Kirk McCambley）。艾莉絲實在太喜歡寇克，兩人交往時，她甚至向兩名地產開發商拿了 5 萬英鎊，贊助情人裝修餐館。

此外，艾莉絲也和賀德一樣，因為支出報告陷入麻煩，不僅用不該拿的錢贊助寇克，和同樣身為政府官員的丈夫出門時，也一件事請兩次款，甚至用國庫的錢聘用自己的兩個兒子、一個女兒與女婿。

艾莉絲灰頭土臉地被自己的政黨掃地出門。當女王的滋味很美好……如果沒被趕下台的話。

前文提過當國王的優缺點，探討權力如何使人腐化，掌權者會誤以為自己無所不能，凌駕於法律之上。嗯，艾莉絲的故事讓我們看到，權力對女王造成的影響和國王沒什麼兩樣，我們的研究的確也發現，權力以幾乎完全相同的方式影響著男性與女性。

我們做了多項權力與性別差異的研究後，觀察到**許多性別差異，其實是經過偽裝的權力差異**！

玄機就在這！雖然權力以類似的方式影響著男性與女性，但研究顯示，當國王比當女王容易多了。接下來安‧霍普金斯（Ann Hopkins）的故事就是最好的例子。

安勤奮工作多年，終於是時候升為普華會計師事務所合夥人。《時代》雜誌報導，安升為合夥人一事看起來十拿九穩。相較於其他八十七名也想升合夥人的人選，安的收費時數高過所有人，還幫事務所帶來大量生意。

她第一次經手的案子是美國內政部的案子，合作夥伴說她表現「非常傑出」，還說她「專案管理技巧十分優秀」。另一位客戶誇獎她「能幹、聰明、有魄力、直率」，國務院的客戶也對安印象深刻，甚至想挖角她。

然而，安的事務所投票時，只有不到一半的合夥人推薦她升為合夥人，升遷一事只得暫緩，等候進一步審查。幾個月後，安辭職。

為什麼安在普華事務所表現如此傑出，卻無法升為合夥人？

答案是她讓某些資深合夥人「不舒服」。為什麼不舒服？因為她太有自信，太有企圖心。同事的結論是，安就是太……太陽剛了。部門主管甚至建議她，「走路要更像個女人，說話要更像個女人，穿衣服要更像個女人，要化妝，要做頭髮，再戴點珠寶。」公司要安放輕鬆一點，「不要那麼常掌控一切，」而且「不論是走路、說話、穿衣服的方式，應該讓自己的形象柔和一點。」

安在 1983 年控告公司性別歧視，這個歷史性的案件一路打到最高法院，最後安獲勝，普華事務所在 1991 年 2 月重新聘她為合夥人。法官威廉・布倫南（William Brennan）寫道：

> 當僱主反對女性有企圖心，然而她們擔任的職位又需要企圖心才能成功，等於是讓女性陷入不可容忍、也不應該的矛盾情形：太有企圖心會丟工作，沒有企圖心也會丟工作。

　　最高法院的判決，說出女性在今日企業界面臨的兩難：如果不拿出企圖心，就無法升遷，然而，要是表現出太有自信的樣子，通常會遭受懲罰。安的例子很諷刺，她能夠爭取到比其他同事都多的案子，是因為她積極進取、自信十足；然而，許多同事之所以不喜歡她，也是因為她積極進取，自信十足……但只因為她是女人。

　　臉書營運長雪柔・桑德伯格（Sheryl Sandberg）建議女性要「挺身而進」，才能爭取到掌握權力的領導職，但她也坦承女性太有企圖心時會被推回去。我們的社會獎勵有自信的男性，卻懲罰有自信的女性。我們「期待」與「要求」女性溫暖善良、與人合作，然而這樣的期待讓女性難以有效與他人競爭。

　　我們（組織、男性、女性）可以如何解決這種矛盾局面？

　　以下我們先來看有多少的性別差異，骨子裡其實是權力差異，檢視一下「性別」與「權力」密不可分的程度。了解女性挺身而進與掌權時會遇到的基本挑戰後，才能知道組織、男性、女性可以用哪些方法避開女性的兩難。

　　首先在這裡聲明一件事：我們充分意識到自己是從男性觀點在看這個主題，我們努力用具備同理心的方式處理這個議題，希望我們成功了。

男性不來自火星，女性也不來自金星

　　哈佛大學校長賴瑞・薩默斯（Larry Summers）在 2005 年引發軒然大波，他被問到為什麼頂尖大學的工程與理組科系女性人數那麼少時，他回答原因是「高階天資不同」。理科的性別不平衡不是出於社會化與各式歧視的問題，而是出於能力不一樣，簡言之，薩默斯推測男性擁有能在理科表現傑出的能力，女性沒有。

　　「從生物的角度來看，不同性別之間能力有差異」，薩默斯不是第一個提出這種看法的人，好幾個世紀以來，這種論點以無數面貌出現過無數次。最常見、一般人最常聽到的性別概念，大概可以從約翰・葛瑞（John Gray）極度暢銷的《男人來自火星，女人來自金星》（*Men are From Mars, Women are from Venus*）看出來：男性與女性基本上是不同種族的人類。

這種性別說法有誤。

我們並不是要提出性別之間不存在生物差異，只是想指出三件事。第一，性別差異遠不如想像中簡單。性別之間的差異並非非黑即白，男性會怎樣，女性會怎樣，中間存在灰色地帶。羅徹斯特大學的哈利・里斯（Harry Reis）研究一萬三千名受試者數據後，發現男性與女性「同」多過「異」。

第二，在美國與世界上大部分的地方，男性與女性之間有一個明顯差異：兩者在社會上擁有的權力。這個世界雖然在促進性別平等上有很大的進展，男性與女性立足點依舊不同。因此，要了解性別差異的話，我們得了解權力差異，而且男性幾乎在每一個現代文化都擁有比女性多很多的權力。

權力差異帶來我們要探討的第三件事：女性行為深受性別刻板印象影響。性別刻板印象深植於人心，要了解男性與女性的行為差異，首先得了解男性與女性被「期待」展現哪些行為。

前述三個議題究竟是什麼意思？讓我們先從一些數字看起。

2013 年時，美國男性如果賺 1 美元，女性只能賺到 77 美分。如果看企業高層，情況更是令人沮喪。2012 年時，財星五百大企業的執行長，僅 4.2％為女性，女性董事也僅占 17％。不只是已經存在的企業如此，女性就連想創業都比較難。哈佛大學的艾莉森‧伍德‧布魯克斯（Alison Wood Brooks）研究三場爭取投資者競賽的九十份創業簡報，她發現，就算簡報內容相同，68％的投資人贊助男性創業者，僅 32％的人贊助女性。

各位可以和哈佛校長薩默斯一樣，用性別差異造成能力差異解釋相關現象，男性或許是因為數學和自然科學比女性強，才得到薪水較為理想的工作。事實上，如果看標準測驗分數，男生的數學的確比女生好，以美國來說，自 1994 年以來，男生的學力測驗（SAT）分數每一年都比女生高 33 分至 36 分。乍看之下，薩默斯是對的，「天資不同」可以解釋為什麼女性在數學與理科方面，表現經常不如男性。

然而如果要真正了解到底是怎麼一回事，我們得深入挖掘。埃諾迪研究院的路易吉‧圭索（Luigi Guiso）研究男女數學差距是否正如薩默斯所言，源自生理差異，而不是因為男女不平權。他深入研究數據，蒐集 2003 年國際學生能力評量計畫（PISA）的數據，取得四十個國家、二十五萬名十五歲學生的分數。如果看著整體數據，的確會看到常見的性別差異。

　　但是，圭索深入研究後，發現各國的性別差距大不同。他試圖找出哪些因素可以解釋差距最大與最小的國家，結果發現，差距與每一個國家的性別平等程度密切相關（評量指標包括「政治賦權指數」與「勞動市場女性指數」）。性別最平等的國家，男女之間的數學表現沒有差異，在性別平等程度最高的冰島，女性的數學分數甚至勝過男性。

　　換句話說，女性只有在女性為弱勢的社會，才展現出比男性差的數學能力。但為什麼會這樣？

　　我們可以進一步延伸圭索的研究。如果說權力讓男性在數學方面占優勢，能否光靠操弄權力感，改善女性的數學能力？沒錯，西北大學的瓊・曹（Joan Chiao）所做的研究發現，光是讓女性回想握有權力的經驗，就能改善數學測驗分數。前文提過，感受到權力，可以減壓，還能增進自信心與專注力。權力可以降低女性在考數學時感受到的焦慮，拿出最佳表現。

　　相關數據告訴我們，性別帶來的表現差異並非必然。**表現差異通常反映出權力差異，而不是能力差異。**

　　每個文化的性別平等程度，不僅影響數學分數好不好。以全球最熱門的足球運動為例，1993 年起，國際足球總會（FIFA）每一年都會依據表現替會員國排名。我們與歐洲工商管理學院的史瓦伯一起研究，發現性別平等程度可以預測女子 FIFA 排名，就連控制人口數與人均 GDP 等因素後也一樣。一個國家的女性越有權力、越有出頭機會，那個國家的女子足球隊將擁有競爭優勢。

　　如果說不論是數學或運動，權力差異會影響性別之間的能力差異，權力是否也會影響其他兩件大家公認男女有別的事：權力是否造成某個性別的人比較懂得談判，也比較會偷吃？

薪水與性別

　　想像一下，新公司決定錄用你，僱主恭喜你，告訴你薪水是多少。你會直接接受那個數字，還是討價還價？

　　這個問題的答案，與你是男性或女性是否有關？

　　卡內基美隆大學的琳達・鮑柏克（Linda Babcock）嘗試回答這個問題。她在《女人要會說，男人要會聽》（*Women Don't Ask*）一書中提到，女性賺的錢之所以只有男性的 77％，是因為女性拿到最初的聘書時，比較不會和公司談薪水。鮑柏克所做的調查發現，52％的 MBA 男學生會要求更好的薪資福利，然而，僅 17％的 MBA 女學生會這麼做，剩下的 83％的女性問也不問就接受公司開的薪水。

鮑柏克接著做了一個聰明的實驗，看看女性就算與男性處於完全相同的情境，是否也比較不可能開口要求更多。她告訴受試者，玩拼字遊戲可以拿到 3 美元到 10 美元，然而每一個人玩完遊戲後，鮑柏克都只給 3 美元。鮑柏克並未在實驗過程中告知大家可以討價還價要求更多獎金。此外，鮑柏克沒說自己是依據什麼標準給錢，也沒告訴受試者他們表現如何。如果受試者開口要求，鮑柏克就會給他們要求的數字，最高 10 美元。

實驗結果一如預期，性別差異大幅影響受試者會不會開口要求，男性開口要更多錢的機率是女性的七倍。不只是鮑柏克的實驗得出這樣的結果，我們所做的實驗也複製出相同的驚人結果。

值得注意的是，操弄權力感也能製造出相同的差異。我們與紐約大學的馬基一起進行研究，給男性與女性受試者相同情境：機位超賣，航空公司要求你把位子讓給別人，你會不會要求價值更高的折價券或額外補償，例如升等頭等艙？

我們發現，受試者不論男女，如果被促發權力感，比較可能回答自己會開口要求更多補償。也就是說，光是促發權力感，在此一情境下，每一個人的行為都會更像男性。

更為惡名昭彰的性別刻板印象，或許是男人比女人更容易偷吃。這種現象並非電影中缺乏根據的刻板印象，無數的研究都發現男性的確比較常不忠，性伴侶數多過女性。究竟為什麼會有這種明顯的效應，有很多理論，不過一般認為，女性比較不會不忠，是因為女性生育成本高過男性。換句話說，不小心懷孕的話，女性要付出的代價大過男性，也因此演變成女性挑選性伴侶時，一般而言比男性小心，在不忠這件事上也比男性謹慎。

然而，不論男女，權力都會增加不忠的情形，問問本章開頭的艾莉絲·羅賓遜就知道，或是想一想我們的研究夥伴科隆大學的拉默斯所主持的研究。拉默斯調查一千五百六十一位專業人士，請他們用 0 分到 100 分，幫自己在組織權力架構中的排名打分數，接著又問他們多常對自己的伴侶不忠實（多常偷偷和第三者上床）。

調查結果顯示，高權力者都說自己比較常不忠，而且如同我們的研究，許多表面上的性別差異其實是權力差異，高權力的男女都說自己比較容易偷吃。

　　我們和其他學者一再發現，許多廣為人知的性別差異，可以靠著操弄權力感重現。換句話說，男性與女性來自不同星球的說法有誤。男性並非來自火星，女性並非來自金星，男性與女性都來自地球，雙方的行為都深受自己擁有多少權力影響。

　　如果性別差異反映出權力差異，我們能否靠著讓女性感受到更多權力，解決性別不平等的問題？能否簡單靠著本書第二章提到的策略，例如回想大權在握的經驗、聽高權力音樂、擺出權力姿勢，藉由讓女性覺得自己和身邊的男性一樣有權力，協助女性改善結果？

　　可惜事情沒那麼簡單。改變自己擁有多少權力的感受，只能解決一半的問題。由於女性族群整體擁有的力量不如男性，她們彰顯力量時，還面對著多一層的障礙。安・霍普金斯讓我們看到，人們期待女性應該合群、充滿愛心與溫柔婉約，這樣的期待帶來了不幸的雙重標準：女性如果感受到權力，而且也表現出來，她們將受到懲罰。

雙重標準

女性必須拿出自信，表現出積極進取的樣子，才有辦法出頭，然而，她們真的那麼做之後，旁人會不高興。有企圖心的女人會被譴責，沒有企圖心的女人也會被譴責。

為什麼女性會面臨這樣的雙重標準？

首先，刻板印象有兩種：一種是「描述性刻板印象」，也就是某種人可能會做的事；另一種叫「規範性刻板印象」，也就是某種人理應做的事。

女性身上有特別多的規範性刻板印象，社會期待她們溫柔婉約，不期待她們開口為自己爭取更高的薪水。這樣的想法，可以從微軟執行長薩帝亞・納德拉（Satya Nadella）的發言看出來。納德拉在 2014 年「葛雷絲霍普女性計算科學大會」上表示：

> 重點不在於開口要求加薪，各位應該要知道、而且要有信心，體制會給你應得的加薪。不要求加薪的女性，擁有這種推動因果的「超級力量」，好人會有好報，努力工作就會得到加薪。

　　雖然納德拉很快就發表致歉聲明：「如果各位認為自己應該得到加薪，開口就對了。」他最初的發言言下之意很明顯：女人不該開口。

　　女人不該開口要求的規範性刻板印象，以及這種刻板印象帶來的雙重標準，限制住女性有效競爭的能力。

　　以談判為例，前文提過女性在接受新工作時，比較不可能開口要求提高薪水。哈佛大學的漢娜・雷利・鮑爾斯（Hannah Riley Bowles）發現，女性不輕易開口是有原因的。鮑爾斯教授做了各式研究，探討男女開口要求時會發生什麼事，結果發現，就算男性與女性做了完全一樣的事，沒接受公司一開始開出的條件，開口要求更多薪水的女性會被懲罰。

　　這樣的現象，看近期一位女學者試圖和學校談條件發生的事就知道。2014 年 3 月，某位女學者得到紐約羅切斯特拿撒勒學院哲學系提供的終身制教職後，做了很多學者會做的事，她寫了一封客氣的電子郵件和學校討價還價：

　　你們知道的，我很想到拿撒勒學院，如果能……的話，我會更容易下決定。

女學者列出自己的要求，最後寫上：「我知道有些條件比較令人為難，請讓我知道你們的看法。」

學校的反應讓這位女學者嚇了一大跳。拿撒勒學院沒有和她討價還價，而是乾脆不聘她了：

謝謝妳的來信，研究委員會討論了妳提出的條件，院長與副院長也審查過妳的來信，整體考量後，判斷妳提出的條件顯示妳缺乏在我們這樣的學院教書的興趣……因此，本校決定撤回先前的聘書。

《Slate》雜誌標題下得好，這則故事告訴我們：〈身為女性還談判：有時開口的確不是好事〉。

故事中的女教授膽敢表現出對自身能力的信心，開口要求覺得自己應得的薪資福利，立刻受到懲罰。

想像一下以下情境，你觀察一場面試：

面試官問：你喜歡在高壓環境下工作嗎？

求職者回答：高壓環境能讓我拿出更好的表現，高中的時候，我是校刊編輯，永遠得趕在期限之前交出每週的專欄文章……我每次都順利完成任務，有時連自己都吃驚。指導老師也發現這件事，很稱讚我。

各位觀察這場互動，你覺得求職者回答得如何？相關研究發現，觀察者會怎麼看，要看求職者是男性還是女性。羅格斯大學的蘿禮・魯德曼（Laurie Rudman）用前述這段對話做實驗，應徵者有男有女，如果是男性講出這段話，觀察者說自己會想僱用這個人，但如果是女性講出一模一樣的回答，觀察者覺得她性格不討喜，判斷她不適合做這份工作。

這個工作應徵實驗讓我們看到女性面臨的雙重標準。同樣的行為，男性被視為有自信，女性卻被認定為傲慢；男性是有能力掌控全局，女性則是囂張跋扈；男性是意志堅定，女性則是堅持己見。

《紐約客》（New Yorker）雜誌登過一篇漫畫，女王向國王抱怨：「如果是女性砍下別的人頭，她就是個壞女人。」

不只是職場有這種雙重標準，美國最有名的政治夫妻柯林頓與希拉蕊（Bill and Hillary Clinton）的從政之路也一樣。柯林頓蓄勢待發參加 1992 年總統大選時，他事業成功的太太顯然是個問題。該年競選團隊的策略備忘錄提到他們遇到的兩難：

> 選民的確欣賞希拉蕊的頭腦與毅力，然而，他們對於女性擁有這樣的特質感到不安。希拉蕊必須展現出較為柔軟的一面，多一點幽默，多一點隨和。

簡單來講，讓選民覺得柯林頓精明幹練的特質，放在希拉蕊身上，他們覺得她冷酷無情。人們讚揚希拉蕊先生的魄力與不屈不撓，但希拉蕊本人表現出相同的特質時卻被懲罰。

此外，不只是男人另眼看待企圖心強的女性，女性自己也給差別待遇。前文提到的鮑爾斯教授所做的談判研究顯示，對於開口要求的女性，女性和男性給予懲罰的程度是一樣的。魯德曼所做的研究也發現，男性和女性都比較不可能僱用企圖心強、大力推銷自己的女性。女人自己也為難女人。

不過，最會為難女人的女人是女王蜂。

女王蜂：當女性排擠女性

物以類聚，同類會互相吸引。過去一百多年來的社會科學研究發現，我們喜歡跟自己相像的人打交道。我們挑選員工和提拔下屬時，會選校友、同鄉、想法一樣的人……也會選擇同性別的人。社會學者稱這種現象為「同質性」，我們傾向於和自己相像的人合作與建立關係。

同質性放在任何情境幾乎都適用，除了女王蜂。前文討論階級制度時，我們提到蜜蜂是象徵合作的模範超有機體，但有一個例外。統治蜂巢的女王蜂不合作，她們競爭，而且她們競爭時會螫傷與排擠其他蜜蜂。有權勢的女性被稱為「女王蜂」，女王蜂最會欺負組織中地位不如她們的女性，她們視其他女性為必須打擊的敵人，而不是盟友。

凱莉・史密斯（Kelly Smith）了解被女王蜂叮的滋味。凱莉是聰明、企圖心強的年輕顧問，在一家很大的顧問公司上班，上司是公司罕見的女性合夥人。凱莉原本很開心自己的主管是女性，成就這麼大的女性是令人景仰的對象，說不定主管還能以當初辛苦地在男人世界出頭的經驗，指導她克服女性遇到的困境。然而，凱莉不但未感受到偶像的支持與指導，還經常被刁難。開會時，凱莉的意見完全被無視，有時甚至沒被邀請參加會議，而且情況越來越糟，女主管在背後講她壞話，其他人開始懷疑她能否勝任目前的工作。

凱莉的上司為什麼要打壓她，不讓她參加會議，還在背後偷偷中傷她？因為凱莉的上司想當唯一的女王。如果她摧毀凱莉的自信，不讓她有機會升合夥人，她就不會是威脅。

當然不是所有掌權的女性都如此小心眼，但究竟是什麼原因讓有的人變成女王蜂？華盛頓大學的蜜雪兒・杜蓋德（Michelle Duguid）多年研究究竟是什麼樣的情境，造成高地位女性阻撓其他女性分享王位。

杜蓋德發現幾種情境會製造出女王蜂。首先，只有在團體只有單一或很少女性時，才會出現女王蜂。身為團體中唯一的女性，讓女人感到自己很特別，她不要別的女人入侵自己的私人城堡。第二，女王蜂出現在社會地位高的團體，那個團體可以讓人得到社交或物質上的好處。第三，女王蜂只會刁難條件好、有能力搶王位的女性。

前述三個令人變身的要素——身為唯一的女性、地位高的團體、只針對有能力的女性──讓我們看到，基本上女人會化身為女王蜂，是因為她們覺得自己的權力受到威脅。女王蜂擔心別的雌蜂讓自己不再獨特、不再擁有高高在上的地位，就會伸出刺。

杜蓋德做了數個聰明的實驗室研究，證實職場何時會出現女王蜂。她的標準實驗讓受試者參與甄審委員會，有的委員會地位高（直接與大學高層合作），有的委員會地位低（和學生指導老師一起工作）；有的委員會成員幾乎都是男性，有的委員會女性較多。委員會的任務是挑選新成員，人選有兩個，一男一女，有時的設定是女性人選能力較強，以及很重要的是，她們的分數高過目前的女委員。有時的設定是女性人選的條件較弱。

實驗結果符合杜蓋德的假設。如果女委員是委員會目前唯一的女性成員、身處地位高的委員會，而且女性人選分數高，那麼女委員較可能投給男性，而不會投給女性。有趣的是，這樣的女委員通常會坦誠自己感受到威脅，同意以下敘述：「如果莎曼珊進入團隊，我的團隊喜歡她的程度可能勝過喜歡我。」

萊頓大學的娜歐密・艾倫曼（Naomi Ellemers）發現，學院也有類似的女王蜂情形。在學院還少有成功的女性時，這時出頭的女性就特別容易變成女王蜂。這些擔任先鋒的女性達到罕見的成就，然而，一旦有了成就，就退守自己的城堡，築起高牆，不讓別人進入。

　　或許一切聽來令人沮喪，不過別悲觀，杜蓋德發現，當女性覺得自己地位穩固時，就會收起自己的刺。此外，有安全感的女性也更可能支持其他女性，就算那些女性有一天可能發光發熱，她們也會幫。

　　女王蜂現象似乎正在減少，女性領導者越來越多之後，會帶來女王蜂的心理因素（單一女性處於高社會地位團體）也開始減退。有一天女王蜂效應將成為心理學遺跡，消失在歷史上。

　　杜蓋德的研究，讓我們初步了解企圖心強的女性，可以如何在「獲得權力」與「因為被視為太有企圖心而受到懲罰」之間，抓到正確平衡。

找到正確平衡：大家一起挺身而進，就不會被推回來

　　權力影響女性的方式，相當近似權力影響男性的方式，然而，由於女性在社會上較為弱勢，規範性刻板印象防止她們企圖心過強，種種因素加在一起，造成女性比較無法展現自己的

力量。換句話說，女性挺身而進時，經常面臨把她們推回去的阻力。

　　若要真正消除女性面臨的雙重標準，需要所有人一起努力，不能只有女性。好消息是，依據我們的研究，如果團體一起讓性別更平等，每一個人都能受益，連男性也一樣，性別平等會帶來一人受惠，眾人得福。

組織可以這麼做

　　想像一下，你是一家公司的男性執行長，你認為應該培養尊重多元精神的企業文化，讓全公司的人都能擁有公平的機會，任何性別與種族都能在公司往上爬。你能做什麼來達成這樣的理想？

　　如果你像許多公司的領導者，你可能提出多元訓練計畫，希望讓組織裡每一位成員，尤其是白人男性，能夠意識到自己經常無意間容忍了偏見。你希望公司經理注意到偏見問題，而且擁有打擊偏見的實用工具，進而創造出平等的文化，讓每一個人都有出頭的機會，最終讓女性與少數族群也能進入管理階層。

多元訓練計畫很好，只有一個問題——它們通常沒用。

哈佛大學的法蘭克・道賓（Frank Dobbin）取得美國公平就業機會委員會 1971 年至 2002 年間七百零八個私部門組織的數據，發現多元訓練計畫在「增加女性管理職」這件事上，完全未帶來任何效應，甚至還減少黑人女性進入管理階層的人數。為什麼會這樣？道賓認為相關計畫帶來反彈效應，以至於所有的正面效應都被蓋過去。

如果多元訓練計畫行不通，什麼才行得通？組織其實可以做幾件事打造出不會排擠女性、允許女性挺身而進的工作環境。

首先，**組織得讓高層支持與鼓勵多元，並且讓多元文化成為高層的責任**。高層的支持不能只是把多元當成一種美好的道德理想，而是非做不可。

鼓勵多元不能只是喊口號，研究顯示，多元可以讓團體與組織做出更好的決策，賺更多的錢。例如瑞士信貸研究院 2012 年的研究發現，董事會有男有女的公司，股價表現勝過只有男性董事的公司。達拉斯德州大學的席恩・李文（Sheen Levine）發現，多元會減少實驗市場的投機性價格泡沫，而且在亞洲與北美的多元市場，股價符合股票真實價值的程度高 58%。

多元有許多好處，但領導者要怎麼做才能增加多元性？光是開研討會沒有用，必須成立委員會與正式職位。舉例來說，德勤會計事務所成立的委員會，不僅要分析與解決性別差距，也負責監督成果，讓每個人負起應負的責任。另外，PwC 會計事務所任命的「多元長」是公司合夥人，也是領導團隊的一員，直接向執行長鮑伯‧莫理茲（Robert Moritz）報告。如同莫理茲所言：

> 計畫很重要。所有提倡多元的主張，最終目標都是改變文化，但正式的計畫可以宣誓公司的決心。

道賓分析的聘雇資料顯示，成立多元部門與委員會帶來重大成效，能夠增加組織雇用白人女性與黑人女性（以及黑人男性）的人數。

此外，人脈計畫與導師制度也能助女性與少數族群一臂之力。不過相關計畫要成功的話，必須讓資深領導階層一起加入，舉例來說，PwC 會計事務所近日要求旗下兩千七百名合夥人，每個人至少要當三名多元員工的導師。這樣的社會連結不但能建立信任感，還能讓員工得知非公開的資訊與機會。相關計畫藉由讓優秀女性經理認識男女資深高層，協助她們了解該如何在組織裡做事。道賓研究的公平就業機會委員會資料顯示，相關計畫與白人及黑人女性擔任管理職的人數增加有關。

最後很關鍵的一件事是，**聘雇與升遷體系必須公平公正**。這種事說起來容易，做起來難。歐洲工商管理學院的艾瑞克‧烏爾曼（Eric Uhlmann）進行的系列研究，讓我們看到可以怎麼做。

烏爾曼請受試者評估兩位人選誰適合當警察局長。兩位人選各有比對方優秀的地方，一個學歷比較好，一個實務經驗較為豐富。烏爾曼操弄人選性別，一半的評估者看到學歷高的履歷上寫著男性的名字、實務經驗豐富的履歷上寫著女性的名字；另一半的評估者看到的履歷則倒過來，女性學歷高、男性實務經驗豐富。評估者看見男性學歷高的時候，他們會挑男性，並宣稱學歷是很重要的條件。然而，評估者看見女性學歷高時，他們依舊會挑男性，並宣稱經驗比學歷重要。評估者出現性別歧視，只要是對男性人選有利的條件，他們就會宣稱那個條件比較重要。

不過，烏爾曼接著又做了新實驗，評估者必須事先決定要採取哪一種評估標準，接著才會看到應徵者的資料，結果性別偏見消失了！

烏爾曼及其他相關研究讓我們看到，事先決定好篩選標準很重要，而且一旦有了標準之後，必須永遠以公開透明的方式，依據標準做出決定。如此一來，便能減少性別偏見，鼓勵多元。

　　前文提過，女性在社會上參與經濟與政治的程度越高，性別之間的數學能力差異會消失。同樣的，組織創造出增加女性參與度的文化時，女性也會有好表現。道賓的數據顯示，女性占高階管理職的比例越高，其他女性越可能被提拔為管理職。還記得嗎？杜蓋德的研究顯示，擔任高階職位的女性一多，女王蜂現象就會消失。讓高層出現更多女性，不僅可以減少男性的偏見，也能減少女性的偏見。

　　此外，不能光靠女性推動性別平等。雖然性別平等感覺像是零和競賽，女性權力變多，男性權力就變少，其實不然。性別平等可以讓資源的餅變大，男女都能受惠。

　　還記得嗎？性別特別平等的國家，女子國家足球隊表現較佳。我們與歐洲工商管理學院史瓦伯共同進行的研究也發現類似的結論，而且更出乎意料的是，性別特別平等的國家，不僅女子隊表現較佳，男子隊也比較強！

　　為什麼會這樣？因為重視女性的國家，也比較可能重視社會上不同的群體，社會以及企業因而得以利用更大的人才庫。我們的研究發現，性別特別平等的國家男子足球隊表現之所以更優秀，是因為那些國家有辦法網羅球技更高超的團隊。

西班牙近代提倡女權的努力，讓我們看到，提倡性別平等的文化，不僅能提升女性的表現，也能提升男性。獨裁者弗朗西斯科・佛朗哥（Francisco Franco）1939 年至 1975 年間統治西班牙時，讓性別不平等制度化，女性如果沒有丈夫的允許，無法開設銀行帳戶，不能申請護照，甚至不能簽合約。

佛朗哥去世後，性別平等的浪潮開始傳遍整個國家。西班牙的「性別賦權指數」自 1990 年的 40 分（滿分 100），僅僅十二年後就升至 70 分。2008 年時，西班牙還成為歐洲第一個女性閣員多過男性閣員的國家，九女八男，包括西班牙第一位女性國防部長卡梅・查孔（Carme Chacon）。此外值得一提的是，內閣成員還出現「平等部部長」，宣誓國家從制度面著手帶給女性更多機會。對於一個高度崇尚男性、甚至創造出「machismo」（男子氣概）這個詞彙的國家而言，這是相當了不起的里程碑。

性別平等的改革，或許解釋了為什麼西班牙的男性運動員就此進入體育界的黃金時期。2010 年，西班牙足球隊贏得第一座世界盃冠軍；阿爾博托・孔達多爾（Alberto Contador）連續兩屆在環法賽奪冠；拉斐爾・納達爾（Nafael Nadal）連續三次在重要網球冠軍賽稱王，包括法國公開賽、溫布頓與美國公開賽。世界盃足球隊平均出生於 1984 年，孔達多爾生於 1983 年，納達爾生於 1986年，全是佛朗哥政權結束後才出生的男性運動員。

西班牙首相荷西・路易斯・羅德里格茲・薩巴德洛（José Luis Rodríguez Zapatero）說得好：

> 世上最不公平的事，就是一半的人類支配另一半人類。女性取得越平等的待遇，社會會變得更文明，也更寬容。

組織只需要採取簡單的行動，就能讓人人擁有更公平的機會。那些行動的出發點或許是協助女性，但人人都能受惠，連男性也一樣。桑德伯格與亞當・格蘭特（Adam Grant）提到一個例子，電視節目《光頭神探》（The Shield）製作人葛蘭・馬札拉（Glen Mazzara）發現，提案會議上兩名女性編劇很少發言。他很關切這件事，把她們拉到一旁，鼓勵她們發言，但女編劇聽完後大笑：「那你就觀察一下我們發言時會發生什麼事。」

下一次開會時，馬札拉立刻發現只要女編劇開口，就會不停被打斷，馬札拉於是立下開會新規定：不準打斷他人。新規定適用每一位編劇，不論是男性與女性發言，大家都不能打斷，結果不只是女性得到發表看法的空間，整個團隊也因此想出更好的提案。不能打斷的規定讓大家都有公平機會發言，整個團體因而受惠。

平權不只能讓社會與國家更為寬容，還能更欣欣向榮。不論是教室、體育場、提案會議室、董事會，出身平等文化的團體在面對較不平權的對手時，更具競爭優勢。合作與兼容並蓄的性別精神，可以擴大人才庫，增加競爭優勢。

「盲目」一下更平等

前文提到，企業與國家如果讓性別平等制度化，可以同時增加男性與女性的競爭優勢。然而，有時候就算政府與企業正式介入還是不夠，畢竟許多性別偏見深植人心，很多時候人們是不自覺流露出歧視。我們（不論男女）要怎麼做，才能消除自己心中的性別雙重標準？

首先，我們可以仿效交響樂團，讓自己完全看不到性別。今日美國音樂家參加樂團徵選時，通常會在布幕後演奏。音樂家隔著布幕演奏，評審在徵選過程中不會知道哪一位人選是男性、哪一位是女性。哈佛大學的克勞蒂亞‧戈丁（Claudia Goldin）發現，盲選讓樂團選出女性音樂家的機率多 300％！1970 年前，女性只占交響樂團不到 10％的成員，然而採取盲選制度後，現在女性占將近一半。此外，為了確保評審真的不曉得性別，應徵者在上台前必須脫下身上一件東西……他們的鞋子！為什麼？因為高跟鞋踩在地上的喀喀聲也會「露餡」。為了確保盲選真的是盲選，今日的音樂新星參加徵選時腳上沒有鞋子。

另一個盲選的方法是以數據為依據，不看主觀的表現評估，例如討不討喜或其他人為因素。如果普華會計師事務所當年只看數字，他們會看到安‧霍普金斯的收費時數與業績（超過 4,000 萬美元），勝過其他八十七個也想升合夥人的人選。評估流程如果只看白紙黑字的事實，刻板印象與雙重標準就難以產生影響。我們可以靠著客觀、可量化的標準讓競爭更公平。

不過，有時光以數據為依歸還不夠，還記得前文提到的警察局長研究嗎？評估者得知應徵者的性別時會改變篩選標準，刻意或無意間讓男性得利。然而，如果在得知人選性別前，事先決定好採取哪一種篩選條件，偏見就會消失。因此，就算我們無法讓自己完全不知道性別，訂定程序與標準也能讓我們做出正確的決定。

綜合以上發現，我們知道公司、經理、團隊領袖可以如何增加旗下能幹女性（與男性）的人數。決定誰能升遷時，第一件要做的事是，在還不知道人選之前，就先決定好篩選標準。第二，盡量不要知道任何性別資訊，只看所有人選的客觀條件。我們得不到性別線索時，就能真正專心評鑑音樂。

當然，有時不可能盲選，例如做簡報的時候，不可能改變聲音，或是讓做簡報的人待在布幕後面。此外，有時篩選標準很主觀，什麼樣的簡報才是好簡報，難以量化。我們要怎麼讓自己不會抱持不同的標準看待女性？

一個方法是在心中幫當事人換性別！問自己：如果做這件事的人是男性，我會有相同反應嗎？這個問題聽起來有點好笑，不過德州基督教大學的查爾斯・羅德（Charles Lord）發現，在心中模擬不同的性別情境，可以減少雙重標準。

律師、熊媽媽，以及「我們」的力量

機構與評估者顯然需要採取一些步驟，避免打壓與懲罰自信能幹的女性。然而，在性別偏見消失之前，女性可以做什麼讓自己逃脫雙重標準？

　　女性明顯受規範性刻板印象束縛，被要求合群，不過，女性其實也能反過來利用這樣的刻板印象：如果她們是為他人謀福利，就能拿出魄力又不會被打壓。

　　前文提過，女性比較不會幫自己開口，例如要求加薪，然而，如果是幫另一個人要求，她們會更願意拿出不屈不撓與企圖心強的一面。人道主義者德蕾莎修女（Mother Teresa）為人讚賞的一點，是她募款能力非常強，她成功的祕訣可能就在於她是為了其他人挺身而出。

　　哈佛大學的鮑爾斯與德州大學的艾蜜莉・亞曼納圖拉（Emily Amanatullah）發現同樣的現象——女性為了其他人挺身而出時會發生兩件事：第一，她們談判時會和男性一樣拿出魄力，而且同樣成功；第二，此時她們不會因為企圖心太強而受到懲罰。

　　部分行業的基本精神就是站出去替他人謀福利，例如法律就是這樣的行業，因此不意外的，相較於其他領域的女性，女性律師比較不會因為精明幹練而被懲罰。馬凱特大學法學院安麗亞・施耐德（Andrea Schneider）的研究是讓律師互評談判表現，評鑑結果並未出現性別差異，男性與女性的談判能力都一樣得到正面評價。施耐德認為，這結果與法律這一行的本質有關，律師原本就被期待應該自信過人地替他人發言，女性律師不會因為表現出相關特質而被打壓。

此外，女性還能在另一個情境下勇敢表現出果決的樣子，不必擔心招來反效果：保護孩子利益的母親。英文以「熊媽媽」（Mama Bear）形容那樣的家長，如同熊媽媽不顧一切保護小熊，女性在保護孩子時，被允許表現出魄力，甚至是攻擊性強的行為。

喬治城大學的凱西・汀斯利（Cathy Tinsley）證實女性可以用相關手法替自己謀福利，訣竅是同一時間也替他人爭取權益。汀斯利稱這種做法為「為我們挺身而出」。女性主張自身利益時，如果表現出是在為團體中所有人爭取福利，就不會蒙受阻力，例如替全部門爭取被取消的獎金。

本章討論了女性等弱勢團體爭取資源時，將碰上無形的歧視與打壓。然而，有時弱勢者還會碰上公開的歧視，例如被中傷、被叫難聽的名字。下一章要討論名字的力量，以及綽號與暱稱可以帶來朋友，也能樹立敵人。

CHAPTER 5

稱謂：拉近關係或霸凌的起點

　　小布希總統（George W. Bush）用錯英文 be 動詞，說出：「Is our children learning?」（我們的孩子在學習嗎？）這種句子時，強化了許多人心中第三十四屆美國總統口才不佳的印象。

　　然而事實上，小布希總統也有妙語如珠的時候，他經常靠著語言拉近自己與他人的距離，只不過他的專長不是修辭（顯然也不是文法），而是暱稱。小布希總統很會幫人取外號，例如他叫自己的副總統「強者」（big time），叫國務卿「大師」（Guru），還用重量級拳擊手的名字，稱兩位加州女性參議員「阿里」（Ali）與「佛雷澤」（Frazier）。小布希甚至幫全球政治領袖取綽號，例如友邦領袖英國首相布萊爾（Tony Blair）是「勝選王」（Landslide），潛在對手國俄國總統普亭（Vladimir Putin）則是諧音的「噗噗」（Pootie-Poot）。

　　對小布希來說，綽號是促進合作的工具，他幫別人取綽號時，可以拉近距離，強化兩人之間的重要情誼。我們稱呼他人的方式，可以讓我們和朋友變得更親密，友誼更堅固。

　　然而，不是每個人都靠著幫別人取名字來交朋友。事實上，許多稱呼是敵人用來對付我們的工具。小的時候，大人會告訴我們：棍棒石頭或許會弄斷我們的骨頭，但言語永遠傷不了我們。然而這句話不是真的，欺負別人的人通常會惡言相向。別人說的話的確會傷到我們，而且傷得很深。

　　有時充滿惡意的言語甚至殺人於無形，例如明尼蘇達州的瑞秋・安克（Rachel Ehmke）就是犧牲者。七年級的瑞秋被霸凌數個月，她連接吻經驗都沒有，同學卻一直叫她「騷貨」（slut），甚至在她的學校置物櫃噴上那個字。還有幾週就要放暑假時，瑞秋再也受不了，十三歲的她在房間上吊自殺。

　　綽號有時能拉近我們與其他人的距離，有時則成為別人霸凌我們的工具。了解運用暱稱的時機與方法，可以讓我們在人際關係中如魚得水。不過，其他人也可能叫我們難聽的名字，或是惡言惡語傷害我們，我們要懂得回應，保護自己。

本章的主要概念是，名字的意義並非固定不變，一個詞彙是什麼意思，要看用的人是誰、在什麼情況下用，以及那個人為什麼開口說出那個字。此外，稱呼的意義可能在一段時間後出現巨大改變。難聽的嘲笑用語，有一天也可能變成表達親暱的方法。舉例來說，「黑鬼」（n-word）等歧視性用語，如果是從白人的口中說出，相當不妥，然而如果是非裔美國人叫其他非裔美國人「黑鬼」，卻是好兄弟、兩個人是好麻吉的意思。

由於名字的意義一直隨著人與人之間的互動改變，就算是別人用名字傷害我們，我們依舊可以決定如何看待加在自己身上的稱呼。就連「騷貨」這種難聽的話，也能賦予新意義。

語言的確有力量，我們幫物品、情緒、經歷取的名字，深深影響著我們思考、感受與行動的方式。本章要探討「名字」如何影響人們是敵是友，包括綽號、頭銜與罵人的話。

促進合作的名字

幫自己取綽號不好取，為什麼？

因為綽號是一種社交產物。有綽號，代表我們是一段人際關係或團體中的一員。也因此，一直跟著我們的綽號，通常都是別人幫我們取的。

電影《捍衛戰士》（*Top Gun*）讓「獨行俠」、「冰人」、「呆頭鵝」等綽號流行起來（各位甚至可以造訪網站，找出自己的捍衛戰士代號：http://www.topgunday.com/call-sign-generator）。這些流行的綽號並非憑空而來，真實世界的軍隊的確會使用空中代號取代飛行員的名字，代號甚至就繡在飛行服上。各軍種都會利用外號團結士氣，讓個人和自己的小隊產生親密連結，凝聚促進合作與忠誠的獨特團體意識。

不只是軍隊會另取名字。還記得嗎？先前的章節提到，軍隊和天主教會都有強大的階級制度。對這兩種機構來說，團結的意識十分重要，這兩種團體都靠著名字來營造出凝聚力。天主教信徒接受堅信禮時會得到新名字，教宗被任命後也會得到新名字。猶太教的傳統是展開生命新頁時改名，伊斯蘭教一般也會讓新成員換名字。此外，兄弟會與姊妹會在暱稱這方面非常像軍方，藉由給外號讓成員感到自己是團體中的一員。

各種團體都靠著暱稱促進團結的感覺。舉例來說，華頓商學院的學生會被分配到由校方指定名字的團體，以貨幣命名，例如盧比（Rupee）、人民幣（Yuan）、美元（Dollar）。哥倫比亞大學

MBA 學生入學時會分配到只有字母的組名，接著新生訓練時，每一組用那個字母幫自己取名，例如 A 組可能某學期是「飛行員組」（Aviators），上另一堂課時又取另一個 A 開頭的名字，例如「動物之家」（Animal House）。此類命名儀式的用意也是增強連結，讓陌生人變朋友。

暱稱甚至能讓愛來得更猛烈，人們戀愛時為了方便稱呼對方而取的小名，實際上還能助長愛意——暱稱讓情侶感到自己很特別，可以增添浪漫的感覺。

人們都取什麼親暱的名字？我們分析兩百五十個最常見的英文情侶暱稱，大部分的名字都和「食物」與「動物」有關。各位大概猜到了，像是「甜心」（honey）、「蜜糖」（sugar）、「小南瓜」（pumpkin）非常受歡迎，鬆餅（waffle）也有很多人取。動物王國的話，「小貓咪」（kitten）、「小兔子」（bunny）、「蜂蜜熊」（honey bear）廣受歡迎。為什麼大家這麼愛用食物和動物取名字？大概是因為食物給人甜滋滋的感覺，動物則給人溫暖和依偎的感覺。

不論是情侶、大學生或海軍飛行員，暱稱都能區分自己人與外人，強化「我們同一國」的感覺。不過，除了暱稱之外，團體區分「他們」、「我們」的語言工具還包括術語，也就是內部成員才懂意思、覺得自己是「圈內人」的詞彙。我們靠著術語區分圈內與圈外人，其中一個歷久不衰的方法，就是靠著首字母縮寫發明新詞彙。

換句話說，術語讓團體感受到自己是獨特的一群人，成員因而更能協調合作，向心力強過其他團隊。不過，術語也讓外人難以和小圈圈裡的人溝通，感到自己格格不入，這就是為什麼有的教授上課會規定 NAZ。等一下，你不知道什麼是 NAZ？NAZ 就是 No Acronym Zone（教室不準用縮寫）的縮寫！

對圈外人來說，縮寫顯得做作。如果是兩個法學院同學在準備考試，對話時自然而然提到法律術語，聽起來很正常。然而，如果法學院學生平日說話時，對著學校工友拋出一堆高深的法律詞彙，八成聽起來相當自以為是。

各位大概不會意外，暱稱和「地位」與「權力」有很深的關連。情侶之間地位如果平等（理應如此），暱稱是雙向的，就連小布希夫婦也互給暱稱。不過職場上則是權力高的人幫權力低的人取綽號。各位只要想像一下，就能懂這個重要概念：給老闆取一個打打鬧鬧的親暱小名，是什麼感覺？很怪，對吧？

　　當然，雖然理論上是權力高的人取暱稱，但小職員永遠會幫主管取綽號，不過，沒權沒勢的小職員是在背後偷偷這麼做，而且的確也不該搬上檯面。幫有權有勢者取綽號可能會有悲慘的下場，尤其是難聽的綽號，例如一個諷刺的例子是愛荷華人權委員會的三名員工，上司發現他們在電子郵件中稱理事為「霹靂遊俠」，稱自己的直屬主管為「少年狼人」，結果丟了工作，連失業救濟金都不能領。

　　綽號與術語常被用於展現權力與地位，不過有的名字則可以用來獲得權力與地位。這樣的名字有一個專有名詞，叫「頭銜」。

為什麼有博士學位的人要別人稱他們為 doctor

　　誰是真正的 doctor ？

　　如果請大家解釋什麼是 doctor，所有人都會說，doctor 就是用現代神奇醫術治療身體不適的那種人。簡單來講，人們口中的 doctor 是指醫生。

　　然而，doctor 還有別的意思。拉丁動詞 docere 的意思是「教學」，歷史上第一批被稱為 doctor 的人是傳授聖經的使徒，後來很快的，doctor 也被拿來指學識豐富、有資格教導他人的學者。

令現代人訝異的是，自從亞里斯多德的年代，教師與學者的地位不斷上升，然而另一種職業的地位卻一直沒有太大進展——醫療人員。舉例來說，1348 年時，黑死病在英格蘭肆虐，死了近三分之一的人口。真正的問題出在衛生，然而當時的醫生還在用水蛭與藥草治病。

由於那個時期的民眾不太敬重醫生，醫生希望彰顯自己的地位，便開始自稱 doctor。

又過了數個世紀後，醫生終於拋棄水蛭療法，改用可以救命的抗生素。到了 21 世紀，醫療這個行業靠著科學的力量，從根本改變健康照護的品質。由於今日的醫療人員能夠施展現代奇蹟，doctor 變得很有地位。

然而，各位如果走在大學校園，就會發現不只是醫生被稱為 doctor。大學一般要求老師得擁有「哲學博士學位」（doctorate of philosophy, PhD）才能教書，老師們也是 doctor（博士）。雖然大部分的大學老師被稱為「教授」，有的學者堅持要別人稱他們為「doctor」。

　　有趣的是，以美國來說，這種現象在某些地區特別盛行，例如美國東北部十分推崇教育，「教授」代表著崇高的地位，人人敬重，被稱為「賈林斯基教授」與「史威瑟教授」非常好。不過，在美國南方的話，「教授」聽起來就沒那麼厲害，因此當地的教授喜歡被稱為「doctor」，例如「賈林斯基博士」與「史威瑟博士」。

　　為什麼各地不一樣？研究顯示，缺乏權力與地位時，人會更傾向於公開展示頭銜，例如系所網頁可以觀察到這種現象。新南威爾斯大學的辛蒂・哈蒙—瓊斯（Cindy Harmon-Jones）發現，排名後面的學校比排名高的學校在系所網頁上列出更多的專業頭銜。同樣的，相較於研究常被引用的教授，研究引用率低的教授寫電子郵件時，署名比較會附上頭銜。

　　用頭銜彰顯地位的不同程度，也出現在男教授與女教授身上（別忘了，性別差異其實通常是權力差異）。工程系所的非裔美國女教授卡蘿塔・貝瑞（Carlotta Berry）在《紐約時報》（*New York Times*）特約社論解釋：

　　　　我在課堂上自我介紹時會說自己是貝瑞博士，而且我堅持別人也這麼叫我……有的老師會喜歡別人叫他們的名字就好……但那些老師大多是男性，而且清一色是白人，他們可以被叫名字沒關係，我是一個身處由白人男性主導的領域的黑人女性，我沒有這種餘裕。

我們其中一人曾經身處兩男兩女、共四個人的商學院教學團隊。兩位男教授寫電子郵件給學生時，永遠用自己的名字（沒加姓氏）來署名，兩位女教授則永遠署名「╳╳╳教授」（姓＋教授）。在女教授得到的尊敬不如男教授的學校（這點令人遺憾，也不公平），女教授靠頭銜來爭取自己應得的尊重。

總而言之，doctor 這個字最初被拿來描述一種職業，後來隨著時間過去，開始隱含高地位的意思。不過，頭銜的演變也可能從原本的中性詞彙，變成負面詞彙，例如「納粹」最初只是普通名詞，用來指德國「國家社會主義黨」的成員，就像「民主黨人士」或「共和黨人士」。然而，該政黨的種族至上主義與獨裁政策為世人所知後，「納粹」變成排除異己、獨裁專制的同義詞，並在不久後與大屠殺的殘忍暴行連在一起。今日「納粹」變成最嚴重的咒罵，叫一個人「納粹」是非常大的污辱。

以上幾個例子證明名字的意義會隨時間改變，甚至不同地區有不同含義，某些名字——例如 doctor ——可以幫助我們彰顯自己的地位，感覺更有權勢，更能有效競爭。接下來，我們要看人如何靠著謾罵與難聽的綽號，把名字當成傷人的武器。

「巴塔哥尼亞齒魚」爲什麼變成「智利海鱸魚」

騷貨、賤人、黑鬼、猶太佬、娘炮。

以上都是罵人的難聽話。這一類的詞彙充滿惡意與歧視意涵，部分不幸被冠上相關稱呼的人，願意不惜一切躲開那些詞彙帶來的歧視。雪城大學的布萊恩·穆倫（Brian Mullen）一項關於 1950 年代美國大型族裔移民的研究發現，謾罵如果特別針對某個團體，那個團體自殺率特別高。此外，穆倫分析美國一百五十年間的數據後發現，被取難聽綽號的群體，在社會上特別容易被兄弟會排除在外，而且只能住在特定地區，還會碰上就業歧視。

不過，前文也提到，語言的意義並非固定不變，就算是無傷大雅的詞彙，也可能一夕之間變成罵人的話。四十多年前，愛荷華州一個三年級班級就發生這樣的事。在那場今日廣為人知的實驗，老師珍·艾略特（Jane Elliott）依據眼睛的顏色把學生分成兩組，接著對藍眼睛的學生比較好，給他們更長的下課時間，飲水機使用權，還可以多拿一份食物——至少對八歲小朋友來說，這些好處代表著地位。相較之下，褐眼睛的學生得到的待遇則像次等公民。

雖然我們一聽就覺得，用眼珠顏色區分學生也太隨便，然而艾略特的實驗帶來不可思議的影響。前一天還只是不重要又中性的外貌特質，瞬間變成合理的排擠與霸凌理由。老師問一個學生，為什麼要在下課時打同學，那個男孩回答：「因為他叫我褐眼睛。」老師問他覺得「褐眼睛」是什麼意思，他說：「那是我很笨的意思。」形容一個人是「褐眼睛」變成罵人的話。

別人叫我們難聽的話，我們該怎麼辦？一個方法是不要理會，然而這個方法不太可能成功。雖然爸媽要我們不要管學校的小混混，但通常不理流氓並不會讓他們離我們遠一點。

另一種處理方式，則是說話時完全不要使用不理想的字詞，例如《挺身而進》（Lean In）作者、臉書營運長桑德伯格曾在2014 年提倡這種做法。她讀到一份 2008 年女童軍做的調查後，提議抵制「bossy」這個詞彙（字面意思是「像老闆的」，引申義為飛揚跋扈、專橫、愛指使人）。調查發現，八歲到十七歲女孩會避免扮演與領導有關的角色，因為她們擔心被貼上「bossy」的標籤，被同伴討厭。然而，bossy 這個詞彙男女大不同，女性被形容為 bossy 的機率是男性的四倍。桑德伯格的確該關切 bossy 這個詞彙，這個詞彙讓女性不敢追求自己的野心。

我們能理解為什麼要提倡這種做法，不過，光是不用一個字，就能讓那個字從語言中消失嗎？

有時可以。華盛頓國家美式足球聯盟（NFL）的「華盛頓紅人隊」就是一例。「紅人」（Redskin）是歧視北美原住民的詞彙，經過冗長的公開辯論後，《Slate》雜誌在 2013 年 8 月 8 日宣布，「本期將是我們最後一次稱這支華盛頓 NFL 隊伍為紅人隊。」其他新聞機構也跟進，包括知名運動作家席蒙斯亦不再使用這個詞彙。雖然紅人隊老闆表示「我們絕對不會更改隊名」，但時代的浪潮在變，「紅人」這個名字可能以後只會出現在歷史書籍。

然而，禁用一個字很難，需要各界有共識才能做到，因此另一個方法是乾脆改變群體的名字，例如歷史上非裔美國人原本被稱為「有色人種」（Colored），後來稱為「尼格羅」（Negro），再後來稱為「黑人」（Black），近日則改為非裔美國人。非裔美國人拒絕使用先前的稱呼，創造出讓自己遠離奴隸與弱勢等負面聯想的新詞彙。

就連企業也可能靠著改名擺脫壞名聲，例如「瓦盧傑航空」（Valujet）歷經一連串沸沸揚揚的墜機事件後，更名為「穿越航空」（AirTran）。抽菸與香菸開始變成不好的事之後，煙草公司菲利普莫里斯（Philip Morris）更名為奧馳亞（Altria）。

此外，不用說，企業靠改名這一招推銷產品行之有年。1977年時，年輕的魚貨商李・藍特滋（Lee Lantz）發現，智利漁夫平日捕捉一種美味但名字讓人沒食欲的魚，叫做「巴塔哥尼亞齒魚」。藍特滋想到乾脆換個名字，聽起來會更誘人，「巴塔哥尼亞齒魚」就此成為「智利海鱸魚」。美國食品藥物管理局（FDA）後來接受這個名字，自此這種魚的食用量大增。

這種「品牌重塑法」可以用在公司身上，也能用在個人身上，那也正是為什麼襲擊對手南茜的花式溜冰選手譚雅，她的先生把法律上的名字從傑夫・基利勒（Jeff Gillooly）改成傑夫・史東（Jeff Stone）；以及為什麼麥特・桑達司基（Matt Sandusky）一家人要隱姓埋名，麥特的養父傑瑞・桑達司基（Jerry Sandusky）是賓州州立大學性侵無數男孩的前橄欖球教練，消息爆發後震驚社會。

有些人改名則是為了配合觀眾，例如艾倫・康尼斯堡（Allen Konigsberg）改名為伍迪・艾倫（Woody Allen），卡洛斯・埃斯特維茲（Carlos Estevez）變成查理・辛（Charlie Sheen），娜塔莉・赫許勒（Natalie Hershlang）變成娜塔莉・波曼（Natalie Portman）。我們誠心盼望，有一天人們可以放心使用能看出族裔源流的本名，讓歌手布魯諾・馬爾斯（Bruno Mars）可以繼續當彼得・埃爾南德斯（Peter Hernandez）。

就連立法者也可能採取改名的手法。多年來，美國政府在人民去世後會徵收遺產稅，然而，稅叫什麼名字很重要。政治顧問法蘭克・藍茲（Frank Luntz）發現，如果「遺產稅」改成「死亡稅」，就能改變民眾對於這個稅的觀感，因此他發起大規模正名運動。如他所言：

> 多年來，政治人物和律師……使用「遺產稅」這個名字。多年來，他們無法取消這個稅，民眾不會支持，因為「遺產」聽起來像是有錢人要繳的稅。但我發現，那不是遺產稅，而是死亡稅，你死時會被課稅。原本無法通過的提案，就這樣突然間獲得75%美國人的支持。

名字叫什麼，真的很重要。

改名字是協助我們競爭的強大工具。然而，如果別人叫我們難聽的名字，我們沒辦法叫他們換個叫法，也無法靠審查制度要他們別再說了，這種時候我們還能怎麼辦？

二次挪用：讓弱點變長處

罵人的話可以被創造出來，也能被「奪回」與「二次挪用」。「二次挪用」是指被污名化的族群，自豪使用其他（主流）族群用來貶抑他們的污名，自行改變污名的含義，將其收編己用。

以「騷貨」這個罵人的詞彙為例，人們向來用這個詞彙來影射女人到處和人上床，充滿負面意涵。然而海瑟・賈維斯（Heather Jarvis）站上第一線奪回這個詞彙。當多倫多警察公開宣稱「女性要避免性侵的話，就不該穿得像騷貨」，賈維斯決心站出來發起運動，終結怪罪被害人的心態。運動的核心主張是把「騷貨」從罵人的話變成讚美！賈維斯發起草根運動「騷貨遊行」，鼓勵女性自豪地當騷貨。

　　轟動國際的《陰道獨白》（*The Vagina Monologues*）也帶有類似的使命。這齣戲由一系列「讚頌女性情欲」的獨白組成，由女性表演者在全球無數觀眾面前演出，其中一段獨白就叫「奪回陰道」。《陰道獨白》不接受「陰部」（cunt）用來罵人的含義，讓女性得以改變這個詞彙原先極度侮辱女性的意涵。

　　因此，與其禁止使用具有侮辱意涵的詞彙，不如加以挪用。二次挪用法呼應了桑德伯格提倡別用「bossy」這個字時遭受的部分批評。瑪格麗特・塔伯特（Margaret Talbot）在《紐約客》雜誌上表示，女性必須二次挪用「bossy」這個字，尋找這個字與自信相關的意涵。

　　事實上，1960 年代的「黑就是美」運動，正是採取二次挪用策略，靠著改變「黑」（Black）這個字的負面意涵，改變身為「黑」族群成員的意義。

　　流行文化中有許多二次挪用的例子。例如饒舌歌手阿姆（Eminem）在電影《街頭痞子》（*8 Mile*）中說：「我是白人垃圾（white trash），我自豪地說出來。」在電影《X戰警：第一戰》（*X-Men: First Class*），被迫害的變種人鼓勵其他人：「讓我們奪回那個字：以身為變種人為榮。」

二次挪用是在向世界宣布，這個詞現在是「我們的」，我們從霸凌者身上偷回這個詞。

在政治舞台，奪回難聽外號也是有效減少負面意涵的方法，例如共和黨原本嘲弄 2010 年的平價醫療法案為「歐巴馬健保」。共和黨原先取這個名字的用意是貶低該法案，然而，歐巴馬總統 2012 年爭取連任時坦然接受這個名字，競選團隊請支持者在推特上留言：「我愛 # 歐巴馬健保，因為……」

此外，歐巴馬在對上米特．羅姆尼（Mitt Romney）的第一場選舉辯論上表示：「我喜歡『歐巴馬健保』這個名詞，沒什麼不好，我開始愛上它。」總統先生靠著把「歐巴馬健保」這個名字據為己有，減少那個名字讓法案背上污名的程度。

二次挪用甚至能讓原本代表惡意或恥辱的標識，變成榮譽的象徵。例如「粉紅三角」原本是納粹集中營用來污名化性罪犯（他們犯的錯主要是身為男同性戀）的標識。多年後，同志團體奪回那個標誌，倒轉含義，把三角形倒過來，從羞恥變成同志力量的象徵。費城同志工作小組（PLGTF）執行董事瑞塔．安德沙（Rita Adessa）解釋：

為什麼不翻轉它？粉紅三角太具象徵意義，因此我們那麼做，因為那就是這場運動的精神。我們要反轉壓迫。

隨著時間的過去，正粉紅三角與倒粉紅三角都成為同志自豪的強大象徵。

奪回標籤的過程，本身可以成為凝聚團體的力量。我們與奧斯汀德州大學的珍妮佛‧惠特森（Jennifer Whitson）進行研究，發現人們用別人貶抑他們所屬群體的詞彙來自稱時，他們會更加認同自己的團體，並且感受到更深的連結。

當然，根深蒂固的文化意涵無法一夜之間改變，歐巴馬陣營花了一段時間才得以二次挪用「歐巴馬健保」這個詞彙，同志社群也經過一番努力才成功二次挪用粉紅三角，但的確可能做到。

不過，二次挪用也可能一下子成功，這種情形發生在詞彙的負面意涵尚未深植人心之前，潔西卡‧亞奎斯特（Jessica Ahlquist）就是一例。亞奎斯特成功控告自己就讀的羅德島中學，要求校方移除學校大禮堂懸掛的宗教祈禱文。判決結果於 2012 年 1 月出爐，一天後，該州眾議員彼得‧帕倫坡（Peter Palumbo）攻擊亞奎斯特，說她是「邪惡小東西」。亞奎斯特的回應是將帕倫坡的用語據為己有，販售印著「邪惡小東西」字樣的 T 恤，替自己籌措上大學的學費，賣了四個月衣服後，她募到 6 萬 2,000 美元！

　　失敗的符號也能快速奪回。2014 年索契冬季奧運開幕式上，奧運五環中，有一環未能按照原定設計如雪花般展開。俄國人未能在自己舉辦的奧運上，排出大家都知道的奧運五環符號，而且還是開幕式就出糗！全球紛紛嘲弄這件事。

　　俄國的奧委會如何回應？他們可以替自己辯護，指出其他地方做得很好，不過，俄國奧委會沒這麼做，他們趁機利用這次的失誤！閉幕式時，一群舞者緊緊擠在一起，其他的舞者則排成奧運四環，重現開幕式時雪花五缺一的景象。觀眾愛死了，不停大笑拍手，全球推特瘋狂轉貼「那個環！」。奧運典禮總監康氏坦丁・恩斯特（Konstantin Ernst）甚至設計出四環相扣、外加一個拒絕展開的小衛星環上衣。

　　值得注意的是，名字或符號被充分二次挪用後，原先被污名化的團體會「擁有」那個符號。意思是指，就算那個名字或符號已經成為團體內部自豪或表達親暱的象徵，對團體以外的人來說，那個名字或符號依舊是禁忌，不能隨便使用。

　　舉例來說，黑人自己可以講「黑鬼」，但不是黑人的人依舊不能使用這個詞彙，而且是絕對不能用。影集《歡樂單身派對》（Seinfeld）中飾演克拉默的知名演員麥克‧理查茲（Michael Richards）在 2006 年 11 月 17 日學到這個慘痛教訓，他在一場單口喜劇表演上，用這個詞稱呼噓他的觀眾，結果被圍剿，最後放棄脫口秀事業。

　　對非裔美國人來說，擁有這個詞彙帶來自豪。非裔美國社會學家麥克‧艾瑞克‧戴森（Michael Eric Dyson）解釋：「我們綁架了那個字。」或是如同作家藍博‧布朗（Rembert Browne）所言：「我知道有的人會在白人面前說出『黑鬼』兩個字，他們那麼做的時候，幾乎像是在提醒人們，世上依舊有些事黑人能做，白人不能做。」

　　除了「黑鬼」這個詞彙，還有一些字也是團體內的人可以用，團體外的人不行。舉例來說，紐約尼克隊在新金童控球後衛林書豪（Jeremy Lin）的帶領下輸了第一場球賽後，ESPN 的網站頭條是〈盔甲上的裂縫〉（Chink in the Armor），然而，「chink」這個字歷史上是污辱華人的詞彙，編輯立刻被開除。其實林書豪在中學時就用過「ChiNkBaLLa88」這個網路帳號，林書豪可以用那個帶有種族歧視意涵的字自稱，但其他人不行。

　　雖然不是每一個被污名化的詞彙都能二次挪用，一般而言，奪回用來傷害我們的詞彙，可以降低敵人的攻擊力道，從被害者變成勝利者。

　　我們還能將二次挪用的概念推得更廣──**大方承認自己的弱點，接著化弱點為優勢**。俄國人在索契冬季奧運開幕式出糗後，就是以這樣的方式反敗為勝。同樣的，人際關係大師、《別自個兒用餐》（*Never Eat Alone*）作者啟斯・法拉利（Keith Ferrazzi）也鼓勵大家：

> 在工作上擁抱弱點。善加運用，搶先第一個承認自己的弱點後，接下來發生的事可能讓你吃驚。

　　前述例子讓我們看到，敵人會抓住機會打擊我們，用我們的弱點攻擊我們，然而，擁抱自己的弱點後，我們可以反過來運用弱點，不論是心理層面或實質上都能化弱點為優勢。

找到正確平衡：自己給意義

莎士比亞筆下的茱麗葉說：「名字算得了什麼？我們口中的玫瑰，換個名字依舊芬芳。」

茱麗葉說名字不重要，然而，她沒注意到關鍵的人性心理。我們命名事物的方式，的確深深影響著我們的感受——就算那樣東西的本質並未改變。名字怎麼叫非常重要。

找到正確的名字可以增加競爭優勢，還能讓我們從競爭轉為合作。以色列跨領域學院的瓦爾妲·利伯曼（Varda Lieberman）以聰明的實驗證實這件事，光是遊戲的名稱，就能影響參與者決定合作或競爭。她讓受試者玩兩人遊戲，如果雙方都選擇合作，將得到好結果；然而那個遊戲也讓人想競爭、想利用另外一方的合作。利伯曼告訴一半的受試者接下來要玩的遊戲叫「華爾街遊戲」，但告訴另一半的受試者遊戲名稱是「社區遊戲」。利伯曼的實驗重點在於，兩個遊戲誘因完全一樣。

遊戲稱為「社區遊戲」時，超過72％的受試者選擇合作。遊戲稱為「華爾街遊戲」時，只有33％的人選擇合作。兩個遊戲不同的地方，僅僅是名稱不同而已。名字的確重要，正確的名字讓我們想合作，換了一個名字，我們可能改為競爭。

　　正確的名字甚至可以讓我們了解自己的情緒，接著戰勝情緒。許多人上台時會焦慮，不管是在眾人面前講話、面試工作，甚至是唱卡拉 OK，都會讓我們胸中一緊。不過，哈佛大學的布魯克斯發現，名字可以幫助我們克服表演焦慮，進而以更有效的方式競爭。她做了數個實驗，其中一個實驗請受試者唱旅行者合唱團的〈不要停止相信〉（Don't Stop Believin'），另一個實驗讓受試者參加壓力很大的數學考試，再另一個實驗讓大家在鏡頭前演講。三種情境都讓受試者感到焦慮！

　　各位可以回想一下，上次做這種令人焦慮的事情時，你對自己說了什麼？大部分的人會說：「冷靜！」或「深呼吸！」不過許多研究都發現，試圖「冷靜」不是很有效的焦慮克服法，甚至會有副作用。

　　布魯克斯教授換一個方式。她請部分受試者在上場前不要叫自己冷靜，改成大聲說出：**「我很興奮！」**相較於試圖冷靜的受試者，說出自己很興奮的受試者，比較可能成功完成高壓任務。興奮的受試者完美唱出旅行者合唱團的經典名曲（得到較高的任天堂 Wii 分數），數學考試分數勝過其他人，自信又充滿說服力地演講（由獨立評審打分數）。

　　布魯克斯教授在實驗中做的事很重要，她並未試圖改變或消除受試者感受到的張力，只是簡單讓大家重新框架心中七上八下的感覺。當心中那股龐大的感覺被視為「興奮」，就會變成正面、值得擁抱的情緒；如果想成「焦慮」，則會變成負面、必須避開的事。

　　關鍵就在這。**幫內心的感覺選擇正確的名字，可以幫助我們處理那股感覺，甚至加以運用，而不會被情緒壓垮。**

　　找出正確的名字，也能讓我們搶在負面情緒變成「不競爭不行」的感受之前，從不好的情緒之中走出來。舉例來說，伴侶之間總有起衝突的時刻。某對伴侶當其中一人情緒不好時，另一個人會簡單問：「你在不高興嗎？」這對伴侶發現，給當下的狀況一個名字，就能化解壞情緒與緊張情勢。兩個人靠著把情境命名為「不高興」，重新從敵人變回朋友。

　　如果想知道為什麼這樣的策略有效，可以看洛杉磯加州大學馬修‧利伯曼（Matthew Lieberman）的研究。人在經歷某種情緒時，如果給那個情緒一個名字，就能減少杏仁核等大腦區域被啟動的程度。換句話說，找出自己的感受，並給一個名字，就能幫助我們處理與拋開負面情緒。

　　正確命名自己的情緒，其實是處理情緒最有效的方法。如果工作讓我們感到沮喪或憤怒，我們可能會把氣出在另一半與孩子身上。然而，我們和其他學者在許多實驗都發現，如果能辨認自己的情緒，找出是什麼原因觸發那些情緒（例如，我生氣是因為工作上發生的事），弄錯發洩對象的情形就會少很多。要是能給情緒一個名字，並且找出原因，就比較不會讓敵人引發的憤怒無限擴張，傷害到朋友等無辜人士。

　　我們可以靠著找出自己的情緒，進一步與朋友合作，把憤怒留給敵人。不過，如果要讓友誼長久，我們和對方的關係還必須包含另一個關鍵元素：信任。接下來一章，我們要探討如何贏得他人的信任，化競爭為合作。

CHAPTER 6

如何贏得信任

　　大功告成！馬歇爾・法蘭克警探（Marshall Frank）順利在審訊室讓保羅・羅斯（Paul Rowles）招供。羅斯的鄰居被人勒死，法蘭克相當確定凶手就是羅斯，但得讓他自己說出罪行——法蘭克三十分鐘內就順利取得自白，他是怎麼辦到的？為什麼羅斯這麼快就說出讓自己蹲一輩子苦牢的事？

　　法蘭克警探恐嚇羅斯，逼他招供？不，法蘭克並不是採取這種競爭手段，他在接近嫌疑犯時，沒把對方當敵人，反而表現得像朋友。

　　法蘭克坐下問羅斯問題時，肢體刻意接近羅斯。兩人說話時，法蘭克有如朋友，身體往前靠，仔細聽羅斯說話，問發生了什麼事。電影裡的警探會直接切入主題，不會閒話家常，但法蘭克不一樣，他問起羅斯的家人、父母，以及他平日的生活。法蘭克解釋：

> 我和羅斯交朋友……你要做的事，就是讓對方開口說話，而
> 且讓他很想對你傾訴，接著再把話題帶到主題上。

就這樣，三十分鐘過後，羅斯一股腦說出自己犯下的罪行。

我們一般認為建立信任感需要時間，然而法蘭克只和謀殺嫌
疑人一起待了三十分鐘就辦到了——對方知道自己是嫌疑犯，而
且就坐在審訊室裡！法蘭克做的事，只是花了近半個小時和羅斯
拉近關係，而不是硬碰硬，拋出讓羅斯採取防禦與競爭姿態的問
題。

前述這個故事讓我們看到，就算一方理應懷疑，理應害怕
被利用，兩人之間依舊能迅速建立起信任感。不過，信任感也可
能瞬間消失，伊麗莎白・喬菲（Elizabeth Cioffi）十分清楚那種感
覺。

伊麗莎白十八歲就和彼得・佩特拉基斯（Peter Petrakis）交
往，她非常愛他，為了他改變宗教信仰，加入希臘正教。伊麗莎
白替兩人準備盛大結婚典禮時，幸福到有如飄在雲端。

　　然而婚禮前四天，伊麗莎白被帶回現實。彼得要她簽下婚前協議書，依據協議內容，兩人若是離婚，彼得可以保住婚姻期間累積的所有財產，伊麗莎白只會得到類似安慰獎的贍養費：看兩人的婚姻一共維持多少年計算，一年 2 萬 5,000 美元。

　　伊麗莎白明顯討厭那份協議書，討厭到她愛彼得的其他部分都相形失色。以她的話來講：「彼得是個好爸爸，是個非常成功的生意人，然而這份婚前協議書是我們兩人婚姻中的刺。」

　　婚前協議書讓伊麗莎白不舒服的地方，不是財產分配問題，問題在於婚前協議書本身。伊麗莎白覺得婚前協議書象徵著缺乏信任，缺乏信任毀了她的婚姻。伊麗莎白回想：「要是當初沒有被迫簽下婚前協議書，我不會離婚。」

　　伊麗莎白強調錢真的不是重點：「我寧願和愛我的人一起住在兩房公寓，也不要和一個不信任我的人，一起住在一萬四千平方英尺的豪宅。我說我走不下去了。」伊麗莎白後來再也無法容忍心中的疙瘩，結束兩人的婚姻。

　　不論是幸福的婚姻、互挺的友誼，或是成功的組織，幾乎沒有哪種社會關係不需要信任。如果我們不信任配偶、朋友與生意夥伴，我們和對方的關係會瓦解。

　　我們和他人來往時，幾乎永遠都需要某種程度的信任。信任感強的時候，雙方會友善地相互配合。從許多方面來講，信任是關鍵的社會潤滑劑。

　　反過來說，信任感不強時，每次的互動都帶來摩擦。我們忙著別被占便宜，表現出競爭心態，甚至變得好鬥。當我們時時刻刻都在提防，都在害怕被利用，我們很難當好朋友，也很難有效與人競爭。

　　不只是個人需要信任感，國家與社會要是缺乏信任，也很難在全球經濟體系合作，並有好表現。經濟學家甚至認為，國家經濟繁榮的程度與信任程度有關，信任感高的社會，經濟也會好；信任感不高時，成長也會受到阻礙。

　　一般人對信任感抱持兩種看法：第一，信任得慢慢培養；第二，信任一旦被破壞，就像碎掉的花瓶，再也不可能修復。不過接下來本章要挑戰第一個假設，更後面的章節則會挑戰第二個假設，用兩章的篇幅告訴大家如何快速建立與修補信任感。

養隻狗吧

羅恩・克萊因（Ron Klein）焦頭爛額，他想在佛羅里達州第二十二選區，擊敗連任十三屆國會議員的現任議員克萊・蕭爾（Clay Shaw），然而蕭爾是非常強大的勁敵，上次選舉以63％比35％的票數大敗對手。這次選舉的初期民調也顯示蕭爾大概會十四度當選議員，而且克萊因經過選舉造勢後，看來勝選的機率更低，因為他無法與選民交心。

克萊因感到特別沮喪的地方，在於自己其實嫻熟政策議題。身為佛羅里達州議員的他是教育與刑事司法方面的專家，很想更上一層樓，到美國首都伸展自己的抱負。克萊因講起政策議題時頭頭是道……卻也讓民眾感到疏離。他的問題在於，他缺乏與選民建立連結所需的熱情。

克萊因知道自己需要協助，於是他找來KNP溝通顧問公司幫忙。KNP團隊開會時，請克萊因看自己的電視訪問，接著問他認為自己表現如何。克萊因覺得那一次可以再多補充幾個政策重點，不過整體而言他認為表現尚可。

KNP團隊聽完答案後，請克萊因再看一次影片，這次要他留意自己微笑的時候。

克萊因看完第二次影片後發現：「我完全沒笑。」

很顯然的，克萊因該做的事就是多展露一點微笑。然而，光是多微笑，一點用也沒有。為什麼？因為假笑看起來，該怎麼說呢……很假。KNP 團隊解釋，克萊因內心必須感受到情感，才有辦法將自己的熱情傳達給外界。

KNP 團隊發現，克萊因提到兒子時，就會露出真心的大笑容。克萊因的競選幹事布萊恩・史穆特（Brian Smoot）表示，每當克萊因講起兒子，「臉就會亮起來」。KNP 團隊於是想出一個策略，要克萊因在競選造勢活動上多談談自己的兒子。克萊因提到兒子後，就立刻回到政策議題，這麼一來，選民有機會看見克萊因微笑，也有機會看到他是溫暖的慈父。

就這樣，競選進入最後關頭時，民意開始轉向。克萊因贏得越來越多選民的信任，最後在投票日那天爆冷門獲勝。

研究顯示，最能給人信任感的人士展現出兩種明顯特質：「溫暖」與「能幹」。想一想身邊的朋友或同事，他們讓人感到溫暖或冷淡？能幹還是不能幹？我們信任溫暖的人，因為我們知道他們在乎我們。相較之下，冷淡的人是潛在威脅。此外，我們信任能幹的人，因為他們可靠、效率高，事情做得好。

　　「溫暖」與「能幹」會讓人產生信任感這點，讓我們得以一窺信任是怎麼一回事。普林斯頓大學的蘇珊‧費斯克（Susan Fiske）甚至表示，溫暖與能幹是我們評估所有人的關鍵。

　　哪些人自然而然讓人感到溫暖？我們想到的第一個人，大概不會是全球領袖。許多領袖都讓人們覺得他們有手腕，但冷酷無情。這也正是為什麼克萊因等政治人物在競選活動上會談自己的孩子、自己的童年，或是親吻嬰兒。

　　這也正是為什麼自從電視時代來臨後，每一屆的美國總統在搬進白宮後，一定會運用一個公關工具——他們會養狗。就連一輩子沒養過狗、女兒瑪麗亞還對狗過敏的歐巴馬，也不免俗地養了一隻狗。畢竟，還有什麼比和搖著尾巴的可愛小狗親暱鼻碰鼻，更令人感到溫馨的呢？影像傳遞出來的溫暖會讓民眾產生信任感。

　　溫暖與能幹的感覺，除了影響我們多信任他人，也影響他人多信任我們。克萊因讓人覺得他很能幹，然而一開始的時候，他缺乏溫暖的感覺，差點輸掉選舉。很多人天生就給人溫暖「或」能幹的感覺，然而，若要建立深厚人際關係，我們必須同時讓人感到溫暖「又」能幹。人們在交朋友的時候，會想和這兩種面向都很強的人做朋友。

「下雨了，真抱歉！」

　　如果在街上完全不認識的人向你借手機，你會怎麼做？大部分的人至少在一開始時會有點不情願，畢竟這年頭手機很貴，而且通常儲存著大量個人資訊。我們大概不會隨便就借人手機，得信任對方才行。

　　因此，我們和哈佛大學的布魯克斯用借手機的情境做了一項實驗。我們想了解信任是怎麼一回事，請研究助理在下雨天時，在火車站向路人借手機，我們在不同地點提出要求，不會讓民眾看到有人到處借手機。研究助理用兩種方式向路人借手機，一種是直接開口問：「可以借你的手機嗎？我得打一通重要的電話。」如果是這種問法，僅9%的人願意遞手機給我們的研究助理。

　　在另一種情境，研究助理則會問：「下雨了，真抱歉！可以借你的手機嗎？我得打一通重要的電話。」表面上看來，這句開場白有點荒謬，為了自己無法控制的事（例如下雨）而道歉有點莫名其妙。然而，這種「不必要的道歉」卻能表達出關懷與溫暖，帶來信任感。

　　如果先說：「下雨了，真抱歉！」然後才借手機，47%的民眾願意借，比一般的問法多四倍！

其他類似情境的實驗也得出相同結果（例如「很抱歉你的班機延誤」、「很抱歉你碰上塞車」），不論那些道歉多麼不必要，只要能表達出關懷，就能促進溫暖的感覺與增加信任感。有了一絲信任後，就算可能被占便宜，人們會比較願意採取合作的態度。

在這些實驗中，我們利用字詞本身給人溫暖的感覺，不過，字詞並非唯一可以建立信任感的溝通形式。**我們說話的方式，通常比我們說了什麼重要。傳達溫暖的感覺時，言語之外的線索最有效。**

回到法蘭克警探與謀殺嫌疑犯羅斯的例子。法蘭克能讓羅斯招供，重點不只是他說了什麼，而是他怎麼說。首先，法蘭克讓自己坐得離羅斯很近，而且身體往前靠，兩個人幾乎碰在一起。肢體接觸是建立信任感最有效的方法，我們可能自己沒感覺，但握手、擁抱、拍肩等行為，甚至是輕輕碰觸手肘，都能傳遞出強大的合作訊息。

此外，法蘭克警探面對面和嫌疑犯談話，面對面對於建立信任感來說十分重要。「共處一室」可以傳達出我們看重彼此的關係，強調我們關注的事，而且讓雙方得到完整的溝通，包括有機會傳達出溫情。

　　我們兩人是教授，常有學生來問我們求職的事，我們永遠給一個建議：如果你重視那位僱主，也想讓未來的老闆知道你重視兩人的關係，那就親自見面。面對面會比打電話還要能傳達出你看重這件事。

　　結論是，可以的話，請盡量安排現場會面，有時可能得搭飛機過去，有時走到走廊尾就可以了。努力安排雙方見面，是在傳遞我們重視這段關係的訊息，進而建立起信任感。

開車比坐飛機好的時刻

　　要贏得他人的信任，不論對方是選民、謀殺嫌疑犯、客戶，還是主管，溫暖無疑很重要，不過能力也很重要。克萊因要贏得選舉的話，不只要讓人感到溫暖，還得要有能力。

　　見到不認識的人，我們會立刻在有意無間評估對方的可信度，例如我們會特別看證書等明顯的線索，像是畢業證書、獎狀等等。前文談名字與標籤時也提過，搬出頭銜是展現自信的方法，許多教授喜歡被稱為「博士」就是這個原因。

不過很多時候，人們除了明顯的線索，還會下意識尋找更為隱而不顯的線索。我們可以如何不知不覺中傳達出這一類的線索，塑造出能幹的形象，進而建立起外界的信任感？一個方法是使用正確詞彙——換句話說，我們可以「說出」能幹的形象。

我們平日告訴班上學生，考試要使用正式詞彙，學生不是很認同，他們覺得理解概念比可笑的術語重要。他們說得不無道理，不過術語依舊很重要。不論我們是律師、房屋仲介或金融業者，正確使用術語與行話會讓別人視我們為專家，進而信任我們。

人們甚至會留意比使用正確術語還表面的線索，我們可能不贊同，然而，在大部分的領域，若想塑造能幹的形象，最好要「看起來」能幹——不論是開的車，還是身上的袖扣，一切都要符合精明幹練的形象。有一位學生非常重視這項建議，甚至為了讓重要客戶印象深刻，塑造出自己很成功、旗下客戶都是有錢人的形象，特地租勞斯萊斯與他們共進午餐。我們不曉得租昂貴名車是否幫到這位學生的事業，不過的確令人印象深刻。

當然，在情境 A 能建立可信度的線索，換到情境 B 可能失去效果，線索必須符合情境，例如以手術來講，我們躺在手術台上時，看到一個穿著手術袍的人走了進來，我們會立刻相信對方。然而，如果我們需要技師，走進修車廠的人卻穿著手術袍，我們並不會因此產生車子可以修好的信心。此時手術袍依舊是「線索」，然而這個線索不符合修車廠的情境，不太可能帶來手術室的效果。

此外，言行一致才能建立信任感。還記得前文的例子嗎？美航失去機師的信任，因為高層要求機師大減薪，卻給自己大量留才獎金，雙面人最不可信。

另一個例子是各位可能還記得，2008 年時，美國三大汽車龍頭前往華盛頓特區求政府救他們。他們說公司沒錢了，財務窘困，唯一的活路是政府提供數十億紓困金，否則他們只能走上破產一途。三巨頭的要求引發強烈批評，民眾憤怒的原因不是他們要求的金額，也不是他們是否說謊。三名執行長說的完全是實話，三大汽車龍頭的財務狀況的確岌岌可危，然而問題出在他們喊沒錢，卻各自搭乘公司的私人飛機抵達華盛頓特區，說一套，做一套，完全失去可信度。

　　不只是個人必須讓人覺得可信，機構也一樣。此外，人與機構可以互相拉抬，例如研究人員可以靠著大學、其他科學家的名氣，或是在重量級期刊上發表文章，建立起信譽。專業人士如果替名聲響亮的公司工作，或是加入重要社團，也會更有信譽，他們加入的機構也會因而沾光，互蒙其利。

　　信譽不只為企業機構帶來好處，國家也一樣，例如國家要是擁有強大、可信的司法機構，經濟成長的力道也會更強勁。部分原因在於，對司法機構的信任，讓民眾得以有效地進行買賣交易。

　　交易能力甚至被列為人類的演化優勢，有一派學者認為，智人之所以勝過力氣較大、甚至腦容量大 10％的尼安德塔人，就是因為智人具備交易能力。「錢」是人類史上最重要的發明，我們可以想一想信譽與信任在貨幣制度中扮演的角色。古人以物易物，然而不一定能換到自己想要的物品與服務，例如工人拿到的酬勞可能是食物，但房東可能不接受食物這種「通貨」，「錢」的發明解決了這方面的問題。

　　然而，如果要拿錢四處交易，我們得信任我們拿來交換的通貨，也需要提供保障的機構。換句話說，要讓社會上的人合作，或是要能在國際市場上競爭，都需要可信的機構。

「他們只是做了該做的事」

要建立值得信賴的機構，成本高昂，而維護體制的代價也很高昂。有時就算體制帶來糟糕結果，我們也得繼續支持。以阿爾頓・羅根（Alton Logan）的例子來說，維護刑事司法系統的代價令人感到萬分沉痛。

1982 年時，芝加哥發生一起麥當勞搶案，一名年輕男子開槍射殺警衛，現場一片混亂，但警方依據證人的指認逮捕羅根。羅根說自己是無辜的，但依舊被判處無期徒刑。

傑米・庫滋（Jamie Kunz）與戴爾・康文里（Dale Coventry）兩位律師知道羅根百分之百無辜，甚至在證明他無辜的宣誓書上簽名，並請人公證。然而接下來兩人做了令人百思不得其解的事——他們將宣誓書藏進保險箱，從此讓那份宣誓書不見天日。

一切是怎麼一回事？

羅根的案子進入刑事司法體系時，警方另外逮捕了殺害兩名警察的安德魯・威爾森（Andrew Wilson），恰巧庫滋與康文里也是威爾森的律師。威爾森向兩人坦誠，麥當勞的搶劫殺人案其實是他做的，然而他的自白受到效力強大的「律師—委託人保密特權」保護：美國法律規定，我們和律師見面時，律師不能把我們告訴他們的話，再告知第三人。這條法律的目的是保障被告權益，當事人必須完全對律師誠實，律師才可能幫他們做有效的辯護。

兩名律師知道羅根是無辜的，但無法在不違反「律師─委託人保密特權」的前提下揭露資訊，要是說出來，就無法替威爾森做最佳辯護，還會喪失執業資格，永遠不能再當律師。當然，兩人曾要求威爾森說出真相，但威爾森堅持等到自己死後才能透露此事。

威爾森最終去世時（因謀殺警員的罪名服無期徒刑），庫滋拿出當年的宣誓書，羅根獲釋，然而那已是二十六年後的事。五十四歲的羅根走出庫克郡監獄時淚流滿面。

芭芭拉・坎農（Barbara Cannon）談及姪子羅根所經歷的苦難，以及兩位律師二十六年間鎖著能讓他獲釋的祕密資訊時表示：「我們並不憤怒，他們只是做了該做的事。」芭芭拉為何能如此體諒造成外甥冤獄的制度？原因很簡單，因為她相信司法機構，也理解兩名律師是出於司法原則，不得不替客戶保密。

制度要能發揮效用，必須得到民眾的尊重。羅根的阿姨表達出人們對司法制度的敬意，就算相關制度造成了無法挽回的後果。

以上我們談了建立信任感時，「溫暖」與「能幹」很重要。不過，是否有「太能幹」這種事？會不會有時笨手笨腳反而是好事？

讓咖啡灑出來的好時機：大智若愚的好處

精神科醫師的工作有一項很大的挑戰，新病患上門時，醫生通常必須在很短的時間內就取得信任，讓對方說出心底最深處的祕密。精神科醫師快速建立信任感的方法，讓我們進一步了解信任的關鍵元素，而且他們的方法我們也能用，幾乎各行各業都能向他們學個幾招。

精神科醫師怎麼做？以我們之前開設的高階管理課程學生湯姆為例，湯姆採取了一些令人驚訝的策略。前文提到，專業人士靠著擺出證書建立外界的信任感，湯姆則做了相反的事。新病患上門時，他不太談自己的專業資歷，也不提自己接受過哪些訓練，而是讓筆掉在地上，講蹩腳笑話，或是弄灑咖啡。有的醫生則會在見到新病人時，指著助聽器說自己聽力不太靈光。為什麼那些醫生要這麼做？為什麼一開始要指出自己的弱點，做笨手笨腳的事？

　　這個問題的答案，可以從奧斯汀德州大學艾略特‧亞隆森（Elliot Aronson）在 1960 年代所做的經典研究說起。受試者聽一段錄音訪談，內容是一名大學生參加大學機智問答隊的徵選（在以前那個年代，代表學校參加這類比賽十分光榮）。面試的過程中，「應試者」（實際身分是主考官的工作人員）回答五十題困難的機智問答題，並提及自己的背景資訊。

　　受試者不知道亞隆森的團隊替這段面試製作了四個版本。在版本一，應試者答對 92％的題目，而且是優等生、學校紀念冊編輯，中學時還是田徑隊隊員。

　　版本二的應試者同樣出色答對 92％的題目，然而面試快結束時，不小心打翻咖啡。受試者聽見錄音帶傳來杯盤哐啷的聲音，還聽見椅子拖過地板，應試者大叫：「天啊，我把咖啡倒在新買的西裝上。」

　　版本三的應試者只答對三成題目，而且平日成績平平，是學校紀念冊校稿員，中學時想進田徑隊但沒進成。

　　版本四同樣是較不出色的應試者，但最後打翻咖啡。

　　聽完四種版本後，受試者幫應試者打分數。各位猜他們最喜歡哪一個人？

　　各位可能猜到了，受試者喜歡表現好的應試者，勝過喜歡表現差的應試者。但打翻咖啡的事呢？奇怪的是，一樣是回答問題表現優秀的應試者，大家比較喜歡笨手笨腳的那個。

　　日後有數個研究重現這個研究的結果，而且也提出相同解釋：能幹的人如果出糗會更討喜。有點笨手笨腳讓他們看起來不那麼完美，比較溫暖、比較可親。

　　因此，我們走進精神科醫師辦公室，看見他們令人景仰的畢業證書與其他象徵著現代醫學的標誌，我們自動覺得他們有能力。他們小小的不完美之處，例如弄灑咖啡或是講蹩腳笑話，則讓我們看到醫生也有凡人的一面，覺得他們和藹可親。

　　笨手笨腳的效果，說明信任不一定只能慢慢培養，展現自己的弱點，就能在打翻的拿鐵還沒擦完前，就建立起信任感。

　　當然，很多方法都能讓我們看起來有弱點，除了打翻咖啡，也可以透露自己的祕密或犯錯。一位擔任主管的學生，人們覺得她很能幹，但冷冰冰的，因此她自己實驗新方法：寫電子郵件給同事時，故意打錯字或是犯文法錯誤，讓同事不再覺得她高不

可攀，難以親近。這位學生開始打錯字後，職場關係的確跟著改
善。

　　然而，不是所有的笨手笨腳都是好事。亞隆森的研究有一個
重點：**如果要得到展露弱點的好處，我們得「先」建立起信譽。**
表現好的學生打翻咖啡，才會讓人們更喜歡他。或是回想一下克
萊因打敗占優勢的現任國會議員的例子。選民不曾質疑克萊因的
能力，要是他先前沒有專業形象，選民不會因為他提到兒子、營
造溫暖的感覺，就信任他。或是以我們教過的學生來說，她是先
展現自己的能力，接著才故意在電子郵件中打錯字。

　　此外要注意的是，**我們所展露的弱點，不能是破壞專業名聲
的弱點，要依據情境運用。**例如精神科醫生可以靠著打翻咖啡，
告訴病患「我一向笨手笨腳」，建立起信任感，然而外科醫生就
不適合採取這種手法。我們所展現的弱點，不能是我們想得到對
方信任的領域，這只會讓別人懷疑起我們的能力。

　　只要別人已經覺得我們很能幹，讓自己出點糗也是展現小
小弱點的方法。我們第一手見證以前的學生 JP・佛瑞斯特（JP La
Forest）讓這一招派上用場。幾年前，佛瑞斯特代表一家美國汽車
製造商，到橫濱的日本公司擔任聯合工程師。他是辦公室裡唯一

的美國人，會議紀錄每次都把他列為客座工程師，令他感到沮喪。然而一天晚上，他和日本同事出去玩，一起吃飯、喝酒，一起唱卡拉 OK。從此之後，正式文件上他不再被列為客座工程師，名字和其他日本同仁寫在一起。

為什麼唱歌走音、講祕密或是犯錯可以建立信任感？很多人都在唱卡拉 OK 時有過很糗的經驗，然而出糗正好可以建立信任感。各位和朋友唱卡拉 OK 時，有時唱得越大聲、越難聽，反而能建立起情感連結。

丟臉的經驗，例如五音不全的卡拉 OK，可以讓別人看到我們脆弱的一面，一起喝酒也能促進合作。不過，享受交際應酬帶來的好處時，也要小心喝酒可能誤事。喝酒除了讓我們手腳不協調，也會讓我們做出清醒時將後悔莫及的事，嚴重程度可能不只是對老闆說錯話而已。接下來這則警世故事要講酒精除了促進合作，還讓人陷入競爭劣勢。

前南斯拉夫境內爆發波士尼亞戰爭時，美國外交官李察・郝爾布魯克（Richard Holbrooke）出面促成各方談判，希望永久終止戰爭。雖然先前各派領袖也舉行過會議，卻一直未能取得共識，不過郝爾布魯克是個意志堅定的人。1995 年 11 月的前三週，他把各派隔離在俄亥俄州的岱頓。

　　密集談判前兩週，大家解決了許多議題，不過談到如何進入戈拉日代市時陷入僵局，最後決定設置一條連接戈拉日代市到塞拉耶佛的陸地走廊，走廊由國際共管保護。談判的關鍵議題，在於塞爾維亞必須放棄多少土地與控制權。

　　11 月 17 日，塞爾維亞總統斯洛波丹‧米洛塞維奇（Slobodan Milosevic）與郝爾布魯克坐在一間特別的房間敲定最後事宜。那個房間有兩個關鍵特點：第一，裡頭配備高科技的波士尼亞地圖；第二，那個房間堆滿蘇格蘭威士忌。兩人一邊討論虛擬的波士尼亞邊界，一邊一杯接著一杯喝下烈酒。郝爾布魯克五年後表示：

> 我清楚記得1995年11月17日星期五那一天。凌晨兩點，在虛擬的波士尼亞地圖上「飛行」四小時後，我們劃分出連接戈拉日代市到塞拉耶佛的走廊……最後米洛塞維奇和我握手，對我說：「OK，就是這樣了。」他乾杯後說：「李察‧郝爾布魯克，我們找到我們的路了。」

　　為了紀念當時喝的酒，兩人把那條走廊命名為「蘇格蘭之路」。

然而，米洛塞維奇那天晚上在俄亥俄州岱頓和郝爾布魯克喝酒時，實在應該更小心一點，醉茫茫之中，他忘了在協議中加進自己的大赦。協議達成不久後，米洛塞維奇因戰犯身分被送至海牙國際刑事法院，案子審理五年，法院尚未得出判決，他就死在牢裡。

不管是靠喝酒連絡感情或展露弱點，我們從這些例子中看到，讓自己處於弱勢可以建立信任感。如果倒過來，亟欲避免讓自己處於弱勢，可能會摧毀信任，弱化關係。

婚前協議書的典型問題就在這。人們因為害怕財務沒有保障，為了保護自己，要求未來的另一半簽下協議書，然而這個要求會破壞信任，前文伊麗莎白與彼得的例子就是這樣。對伊麗莎白來說，丈夫不願意有弱點是她心中永遠去不掉的疙瘩，直到離婚才得到解脫。

哈佛大學的迪帕克・馬爾霍特拉（Deepak Malhotra）進行與伊麗莎白的經歷類似的實驗，他發現契約會讓人無法產生信賴感，而且還找到背後的原因：人們簽訂合約是為了讓交易順利進行；然而，簽下合約的人遵守信用時，他們的行為不會被讚揚，旁人會假定，他們遵守信用只是因為簽了合約，只不過是照章行事，而不是因為他們值得信賴。合約就是典型的例子，我們保護了自己，卻摧毀了我們真正想要的東西——一段互信關係。婚前協議書的破壞力尤其大。

　　目前為止，我們討論了哪些因素影響著建立信任感的原因與方法。不過本書前言也提過，人類天生是社會性動物，我們在團體之中生活與工作，因此，要在社會上有效競爭與合作，我們不只得信任正確的人，也得信任正確的人所組成的團體。

　　我們有意無意間最常採取的原則，是信任跟我們同一國的人，提防不同國的人。許多時候，我們靠著一個簡單的問題決定要不要信任別人：你跟我像不像？

為何和樂家庭會製造出恐怖分子

　　奧馬爾・哈馬尼（Omar Hammami）在美國阿拉巴馬鄉間長大，他是敘利亞移民之子，也是土生土長的阿拉巴馬人，在一個和樂家庭中成長，平日踢足球，與妹妹、父母關係良好，還定期造訪祖父母的農場，享受懶洋洋的下午，幫忙把豆子去殼，吃吃西瓜。

　　哈馬尼在學校人緣好，很受歡迎，是大學二年級的班長，身邊永遠圍繞著朋友，女朋友也是學校最受歡迎的女孩。

　　這樣的一個人，為什麼會加入以斬首、擲石死刑與砍下手臂出名的伊斯蘭反叛團體？芝加哥大學的羅伯特・佩普（Robert Pape）表示，哈馬尼之所以從班長變成聖戰主義者，反映出「走上歧途的利他主義」。

　　雖然哈馬尼在成長過程中參加過聖經研習營，還去過教堂，然而，他在青春期時，在自己的穆斯林根源中找到意義，開始視自己為穆斯林。他透過穆斯林的觀點，帶著戒備的態度看待伊拉克侵略與索馬利亞事件。他雖然在美國長大，伊拉克與索馬利亞的穆斯林被攻擊時，他因為強烈認同他們，決定發起行動。

　　一般人以為，恐怖分子是被社會孤立的獨行俠，但多數恐怖分子的成長過程其實和哈馬尼一樣，家庭和樂，身邊圍繞著朋友。被稱為「軍情五處」（MI5）的英國安全局與被定罪的恐怖分子談話，以及長期監視恐怖分子之後，他們發現，多數恐怖分子在充滿慈愛的家庭中成長，而且人緣好。事實上，軍情五處談話的恐怖分子中，高達九成被形容為「社交活躍」。

　　軍情五處的發現和前 CIA 行動官員馬克・薩吉門（Marc

Sageman）的研究完全一致。薩吉門是外事官員，蘇聯—阿富汗戰爭期間與伊斯蘭基本教義派合作，並在返美後全面進行研究。他的發現與軍情五處的結論很像，恐怖分子一般來自中產階級、教育程度高、虔誠、家人相互扶持的家庭。他們深深關心自己的社群，視非我族類為威脅。

這也正是為什麼有時團體內最友善的人，視其他團體的成員為敵人。

要在社會上成功，不論是商場、人際關係，或是生活其他任何領域，我們與自家團體內的成員合作，以求有效與其他團體競爭。通常這意味著我們必須照顧與信任自家人，不相信屬於其他團體的人。

然而，誰和我們「同一國」通常一直在變。無數團體研究一再得出兩個關鍵結論：第一，我們很容易把自己定義為團體的一份子。例如實驗將完全不認識的陌生人隨機分成「紅隊」與「藍隊」，幾分鐘之內，兩隊就開始對自己的隊員產生好感……並對另一隊的成員產生敵意。如果我們被分配到紅隊，我們就會與其他紅隊的人合作，並與藍隊成員對抗。

第二，信任團體內的成員，可能導致對其他團體的敵意升高。卡內基美隆大學的譚雅・科恩（Taya Cohen）分析全球一百八十六個社會的數據，研究「社會內」與「社會之間」的衝突，發現人們光是對自己的團體忠誠，就可能熱烈贊成與其他團體開戰。

相關研究發現讓我們看到合作與競爭的本質。一般是團體內最合作的人會想與其他團體競爭，而變得好鬥。當個人高度認同自己的團體時，會將外人視為威脅。同一時間，原本內部愛競爭的人卻變得高度合作——與團體內的成員合作抵抗外侮。

因此，如何讓對立的兩派合作？答案是——**給他們共同的敵人！**

感受到威脅會促進團體內部的合作，引發團體之間的競爭。如果要讓對立的團體聯合起來，也是同樣的道理，最有效的方法就是引進共同的威脅。不論是在外交場合或董事會議室，共同的威脅可以帶來意想不到的夥伴，先前敵對的兩方轉換立場，開始合作。

事實上，美國能夠立國，一個很重要的原因，就是共同的敵人造成合作的對象不斷改變。要了解這段高潮迭起的歷史變化，得從美國革命之前的戰役講起。18 世紀中葉，法國與英國激烈爭奪北美控制權，兩大殖民強權的爭端醞釀數年，雙方都想拉攏北美殖民者。

1754 年，英法間第一場激烈的殖民地衝突發生在今日的賓州，維吉尼亞一小群民兵突襲法國巡哨站，殺死多人，並俘虜其餘的人。死者之一是法國軍官，他的死觸怒法國人。那次的英國民兵領袖是沒多少人聽過、二十二歲的喬治・華盛頓（George Washington）。法國人把怒火指向華盛頓，指控他暗殺法國軍官，接著這場戰役引發法英之間為時七年的戰爭。戰爭期間，華盛頓一直是英國忠誠的盟友與法國攻擊的敵人。

然而，二十年後，華盛頓再度穿上軍裝，這一次卻是為了對抗英國。一開始事情並不順利，美洲殖民者幾乎樣樣都比不上英國。

華盛頓知道殖民地需要協助，但誰會願意幫剛萌芽的反抗運動？答案是法國人！法國人雖然討厭華盛頓，他們更討厭英國人。法國靠著提供殖民者財源、武器、士兵，甚至是軍艦，打敗自己最討厭的敵人，也就是英國人。法國人取得對英國的「勝利」，殖民地得以成立新國家。

當然，這個遇上共同敵人、改變合作對象的故事並未就此結束。法國與英國數個世紀以來都是勢不兩立的仇人，然而 20 世紀時，兩國因為擁有共同的敵人，立刻化敵為友，先是一起對抗德國，接著又一同對抗蘇聯。

找到正確平衡：名聲與關係

能幹與溫暖是建立信任感的關鍵元素。我們靠證書和專業術語等各種道具展現能力，不過不要忘了，光是能幹還不夠，不論是競選活動，或是事關重大的談判，我們還需要投射溫暖的感覺。

前文提過，我們可以靠著關心他人，或是談論自己的家人、孩子，營造出溫暖的氛圍。另一個方法則是做讓人看出自己並不完美的事，例如打翻咖啡或唱歌走音。

然而，不論是工作或私底下的生活，**最好的策略是建立長期關係**。把單次的互動變成不斷來往後，就能促進合作，讓潛在的敵人變朋友。

長期關係的重要性，可以看泰國橡膠商品市場的例子。橡膠在市場上出售時很難分辨品質，買家要到加工處理生橡膠後，才能確認賣家是否花了時間與力氣種出高品質作物。

　　換句話說，在買賣的當下，只有賣方知道橡膠是否為高品質，因此賣方有競爭的誘因：栽種低品質作物，接著又告訴潛在買主自己的橡膠是高品質，既省時又省成本。然而，長期下來買方會不信任賣方，到最後就算是花力氣種出高品質作物的賣方，也無法說服心存懷疑的買方自己賣的是好東西。此時市場會崩潰，賣方會製造低品質橡膠，買方也假設橡膠品質不佳。

　　不過，泰國市場並未發生這樣的事，為什麼？

　　長期關係解決了問題。買方與賣方發展長期合作關係，不和陌生人做買賣。買方信任賣方告知橡膠真正的品質，賣家知道，如果誤導買家，以後就很難再做成生意。長期關係帶來市場得以運作的信任。

　　長期關係也能提供複雜交易的信任基礎。1963 年時，菲爾・奈特（Phil Knight）覺得自己能做出更好的跑步鞋，寄了幾雙樣品給自己從前在奧勒岡大學的教練比爾・包爾曼（Bill Bowerman），希望他能捧場。包爾曼教練沒買鞋，而是自請擔任合夥人，兩人在 1964 年 1 月握手合作，開了一家鞋公司。在早期歲月，包爾曼拆開跑步鞋研究新設計，奈特則開車兜售裝在行李箱的產品。兩個人彼此信任，靠著握手就建立史上最成功的體育用品公司—— Nike。

　　但是，萬一沒有長期關係怎麼辦？如果我們缺乏與他人合作的經驗，要怎麼找夥伴？答案是，我們可以仰賴其他人的經驗，探聽對方的名聲。

　　最近在教堂前面看到告示牌上頭寫著：「如果朋友在你面前講八卦，你知道他們也在背後八卦你。」我們不認同這句話，不是因為這句話不是真的——我們所有的朋友大概都和我們一樣，講著每一個人的八卦——我們不認同，是因為這句話把八卦視為壞事。八卦雖然帶來競爭，還會傷人，但八卦也是建立信任最基本的方法。八卦不只可以傳遞重要資訊，還能鞏固關係。

　　八卦的用處是維持秩序，懲罰占便宜的人。人會八卦，所以，要是有人欺騙我們，我們的朋友一定會聽說這件事。多倫多大學的邁特・范伯格（Matt Feinberg）發現，人們就算無法正式懲罰利用他們的人，他們還是可以透過八卦的形式，散布對方的負面資訊。人們靠八卦決定自己要信任誰、哪些人又該避開。簡言之，八卦是塑造名聲的方法。

　　我們全都熟悉傳統的八卦，也就是教堂告示牌警告我們的那一種。不過，八卦在網路時代有更複雜的面貌，信譽制度也有了新面貌。只要看現代人常讓完全不認識的陌生人住在自己家中就知道！

　　Airbnb 在 2008 年問世後，一千七百萬人讓陌生人睡在自己家。大部分的讀者大概知道，Airbnb 是租屋者可以找到短期民宿的訂房網站。換句話說，你把自己的房子放在 Airbnb 上時，是在把自己的家開放給完全不認識的人——那種事需要很多信任！ Airbnb 也知道自己要成功的話，信任是最基本元素，公司網頁的「關於我們」寫著：

　　Airbnb是值得信賴的社區型市場，在這裡，人們可以發布、發掘和預訂世界各地的獨特房源。

　　網站甚至提供「信任」這個主題的專頁：http://www.airbnb.com/trust。

　　Airbnb 如何讓互不認識的陌生人產生信任感？他們利用雙向的評分系統，讓八卦的概念制度化。每一位住客與每一位屋主可以在每次出租後相互評分，你的分數就是你的口碑。分數低，以後就很難找到願意租你房子的屋主，也難以吸引住客。分數如果過低，甚至會被列為拒絕往來戶。更重要的是，評分制度讓屋主信任陌生人不會偷自己最寶貴的物品或破壞房子。

　　近年來，Airbnb、eBay、Uber等點對點網路如雨後春筍般出現，而且幾乎完全靠信任與信譽維持。前文提過，信任是所有經濟形式的基礎，連結陌生人的網路尤其需要信任。信譽制度和八卦一樣不完美，但可以解決許多信任問題。

　　本章討論了建立信任感的重要性，不過，信任雖然能促進合作，但無條件的信任或是盲目的信任，會讓我們無法招架其他人競爭或占便宜的行為。

　　信對人有好處，信錯人則讓我們付出代價。下一章要教大家分辨哪些人可以相信，哪些人則最好離遠一點。

CHAPTER 7

何時該有防人之心？該怎麼防？

終於抓到了！女人還沒來得及說半個字，就被銬上手銬，送往警局。警察說：「妳知道自己幹了什麼，快點承認！」

席夢娜・蘇瑪薩（Seemona Sumasar）被嚇個半死，弄不清楚發生了什麼事。她不曉得警方認定她做了什麼，這輩子從未想過會碰上這種場景。

席夢娜原本是摩根史坦利的分析師，後來決定離開業界，自己開餐廳。對三十六歲的單親媽媽來說，這種日子並不輕鬆，但席夢娜喜歡替自己工作，也喜歡掌控自己命運的感覺。現在她卻被關起來，無法與孩子見面。

席夢娜發現，自己被指控假扮成警員，犯下三起持武器搶劫案。她瞠目結舌。她是無辜的，想不透警方怎麼會覺得她是嫌疑犯。

　　席夢娜替自己喊冤，但沒人理會，保釋金是驚人的 100 萬美元。席夢娜籌不出那麼大一筆錢，在牢裡一待就是七個月，失去餐廳與房子，也不能常常看到女兒。

　　不過，席夢娜在牢中想到：「是傑瑞幹的！」

　　傑瑞‧拉馬丹（Jerry Ramrattan）是席夢娜的前男友，是個私家偵探。兩人分手後，席夢娜曾控告他強暴，雖然傑瑞逼著她撤訴，但她決心站上法庭。

　　傑瑞恨透席夢娜，決定毀掉她。對席夢娜不利的地方在於，傑瑞不僅是偵探，還是《CSI犯罪現場：邁阿密》（*CSI: Miami*）與《法網遊龍》（*Law & Order*）的狂熱影迷。他用自己的專業知識與電視教的事，設計出可以登上電視熱門時段的陷害手法，讓當局誤信席夢娜是罪犯與重大社會威脅。

　　傑瑞為了陷害席夢娜，讓三名證人告訴警方假證詞，而且分三次報案，線索一次比一次清楚。傑瑞甚至給假證人看席夢娜的照片，還要他們開車到席夢娜家看她的車。

　　第一名證人告訴警方，一名印度女子喬裝成持槍警察銬住他，搶走 700 美元。

　　六個月後，傑瑞讓第二名證人報案被兩名假扮成警察的人搶劫，還詳細描述其中一個搶匪──完全符合席夢娜的特徵。 此外，第二名證人還提供兩個指向席夢娜的線索：搶匪開著大切諾基吉普車逃跑，而且車牌的前三個字母是 AJD。

幾個月後，又有第三名證人報告十分類似的案件。這次證人也說自己被假扮成警察的人搶劫，不過這次細節更多：證人偷聽到兩名搶匪互稱「席姆」與「艾維斯」，而且也是開著大切諾基。這次證人還提供了警方非常需要的線索：完整的車牌號碼。

警方在資料庫輸入車牌號碼後，證實那是輛大切諾基，車主叫艾維斯。讓席夢娜涉案嫌疑更大的是，警方發現艾維斯在搶案隔天，把車子轉讓給席夢娜的妹妹。在警方眼裡，席夢娜在隱瞞些什麼。

席夢娜看來罪證確鑿，警方握有來自數個證人的大量證據，包括她開的車的詳細描述與車牌號碼。由於鐵證如山，警方很容易忽視席夢娜的辯解，而且幾乎不可能相信她說的任何一句話。

一直要到一名證人站出來撤銷證詞，調查才開始朝正確方向前進。消息來源透露這是一起誣陷，還給了警探傑瑞的電話，而那個號碼又指向其他兩名證人。警方開始認真看待席夢娜的辯解，監視器與手機記錄證實，席夢娜不可能犯下證人所說的搶案，例如其中一起案件發生時，監視器畫面顯示她人在康乃狄克州賭場。

就這樣，席夢娜涉案的可能性開始消失，對傑瑞不利的證據越來越多。席夢娜被釋放，傑瑞被判處三十三年徒刑，而且二十年內不得假釋。

為什麼傑瑞這麼容易就說服警方與法院，讓他們相信無辜女子是蛇蠍心腸的罪犯？

傑瑞的陷害會有用，帶給席夢娜那麼恐怖的遭遇，是因為他聰明地挾持了刑事司法系統。當第一起假報案被歸檔後，傑瑞就啟動了最終會指向逮捕席夢娜的一連串事件。

首先，傑瑞知道多起報案會讓他的詭計更為可信。只有一起報案的話，很容易被忽略，然而一段時間內發生三起案子，而且細節越來越清楚，就不可能被無視。傑瑞知道，警方會覺得案子逐漸水落石出，終於可以逮到犯人。

第二，雖然警方會努力逮捕每一個罪犯，但他們特別想抓住讓警察的工作更難做、更危險的罪犯。傑瑞知道，把席夢娜說成假扮成警察的搶匪，警方就會特別想抓到她。

前一章提過，信任會促進朋友之間的合作，不過，我們信任他人時，也是讓自己暴露於競爭對手的欺騙與利用之中。換句話說，欺騙位於競爭與合作的十字路口，騙子假意要合作，其實是在競爭。

想在合作與競爭之間找到平衡，就得了解欺騙是怎麼一回事。本章接下來將回答兩個基本問題：**為什麼人會欺騙？我們如何能發現事情不對勁，不被敵人利用，甚至是不被朋友占便宜？**

此外，本章還要介紹一個欺騙的新概念：欺騙可以是合作手法。一般人被教導說謊是不道德、不好的事，不過我們要挑戰這種說法，解釋為什麼有的謊言可以建立信任與合作──甚至被視為合乎道德。

然而，許多時候我們是惡意欺騙的目標，防人之心不可無，因此本章也會介紹如何識破謊言，以及如何小心為上。我們找出欺騙的幾項特徵，接下來會告訴大家如何留意警訊。

騙人養孩子的杜鵑

人類不是唯一會靠著欺騙達成目的的動物，其實許多動物都會利用其他動物以取得更多稀缺資源，例如繁殖機會、食物、保護與安全。

　　歐洲杜鵑鳥是人們很熟悉的鳥兒，咕咕鐘就是以牠們為靈感。然而，這種鳥兒在家具上看起來天真善良，在大自然中其實是欺騙大師，騙其他鳥兒幫牠們養孩子。

　　杜鵑的欺騙方式如下：母杜鵑會尋找其他鳥類下了鳥蛋的窩，等成鳥外出覓食，母杜鵑就偷偷弄掉對方一顆或更多的蛋，接著在原處快速產下自己的蛋。母杜鵑可以靠著這樣的方式，在二十個不同的鳥巢產下二十顆蛋。杜鵑蛋孵化後，「養父母」出於本能會餵雛鳥張開的嘴。杜鵑的欺騙會成功，是利用了鳥類的母性：餵食自己窩裡嗷嗷待哺的小鳥。

　　許多物種靠著欺騙，餵飽自己與家人。舉例來說，蟻鴘的合作方式是靠著特殊叫聲發出警報（各位可能還記得，本書前言提到的地松鼠也一樣），然而，有時蟻鴘也會利用這種合作的工具取得競爭優勢。生物學家觀察到蟻鴘會發出假警報，當另一隻鳥即將吃掉美味的昆蟲時，也想吃那隻昆蟲的蟻鴘就會發出警報，引開食物競爭者，一下子搶走大餐。蟻鴘靠著「狼來了！」取得競爭優勢。

　　這類的例子很多，不論是鳥兒或狒狒，多數動物都會靠著欺騙與同類競爭資源，或是避開掠食者。

　　值得注意的是，欺騙也可以是促進群體協調行動的合作工具，能夠有效與掠食者競爭。舉例來說，掠食者靠近一群鳥兒時，其中一隻鳥會假裝受傷，吸引掠食者注意，幫助其他鳥兒爭取逃跑時間，尤其是自己的孩子。

　　人類也會靠欺騙取得更多資源，獲得更好的交配機會，或是為家族、團體謀福利。不過，人類的欺騙有些地方和其他動物不一樣，例如人類的欺騙手法通常較為高明。

　　我們依據前人的研究，將欺騙定義為任何蓄意誤導對方的行為或說法。我們的定義有兩個重點：**第一，欺騙是蓄意的。**你讓某個人相信某件事，儘管後來發現那不是真的，但你當時的確信以為真，就不算欺騙。**第二，說法或行為不一定要是假的。**雖然不是假的，但有時串在一起的真實描述可能造成誤導，那就是欺騙。舉例來說，假設我問賣車的人車子有沒有問題，她告訴我車子一直很好發動，而且可以提供過去五年定期保養的收據。但其實那輛車電瓶會漏液，或是出過嚴重車禍，賣方說的話依舊是真的，只是會誤導人，本章將那類說詞也視為欺騙。

　　我們願意相信多數人都是誠信的，但真是如此嗎？

　　研究日常溝通的學者觀察到多到驚人的欺騙。一項研究發現，60％的人會在遇到陌生人的前十分鐘內說謊。絕大多數的大學生（86％）說自己經常對父母說謊。調查也顯示多數人會對朋友（75％）、兄弟姊妹（73％）、配偶（69％）說謊。

我們對身邊的人說謊，我們公開說的話又如何呢？那種很容易查證的資訊呢？

康乃爾大學的傑佛瑞・韓考克（Jeffrey Hancock）為了回答這個問題，分析 Match.com 等約會網站的自我介紹，接著又與數十位在網站上放自介的人見面。韓考克測量他們的身高體重，還看駕照確認出生日期，接著對照他們在約會網站上宣稱的資料。韓考克發現，近六成的人會謊報體重兩公斤以上，大約一半的人（48％）謊報身高。各位可能猜到了，男性更可能灌水身高，女性更可能少報體重。

韓考克的約會網站研究，還讓我們看到日常欺騙的特徵：通常我們只會說一些「小謊」。有的人的確在約會網站上「騙很大」，例如實際體重比網站上的資料多九公斤以上，不過整體而言，大部分的謊言不是太離譜，身高可能多報二・五至五公分，體重可能少報二到三公斤，年紀可能少報一、兩歲。

為什麼多數謊言這麼節制？因為我們有其他顧慮。我們想在網路上看起來更像帥哥美女，但最終我們得面對鏡子裡的自己。

如同多倫多大學的妮娜・瑪札爾（Nina Mazar）發現，小謊還能自圓其說，但謊言越大，越難替自己辯解。此外，謊言越大，後果也越大——而且更容易被抓到。

我們說謊時會害怕被識破，然而，害怕不是說謊唯一帶來的感受。事實上，欺騙不一定讓我們不好受，有時使壞讓人覺得自己很酷。

欺騙就像巧克力蛋糕

巨星小甜甜布蘭妮曾在加油站被抓到順手牽羊，偷了打火機，她開玩笑地說：「我偷了東西，噢，我好壞，噢。」

這個例子有兩件事令人大惑不解，第一，為什麼一個百萬富翁要偷打火機這種便宜的小東西？細數起來，小甜甜布蘭妮不是唯一做過這種事的名人。演員薇諾娜・瑞德（Winona Ryder）也因為在商店偷衣服被捕，網球冠軍珍妮佛・卡普莉亞蒂（Jennifer Capriati）也在購物中心被抓到偷了 15 美元的戒指。

為什麼有錢人會偷東西？他們根本不需要那些東西，而且又不是負擔不起。偷東西要付出的代價遠超過好處，所以一定有什麼不為人知的原因。

第二個令人不解的事，可以幫助我們回答第一個問題：許多人偷竊時感到快樂。他們難道不該慚愧與自責？

小法蘭克・艾巴內爾（Frank Abagnale, Jr）沒有愧疚感，他冒充各種身分遊走世界行騙，有時扮成泛美航空機師，有時扮成醫院實習醫生監事，還扮過律師與大學社會系教授，最後靠著偽照支票拿到驚人的 250 萬美元。

艾巴內爾第一次行騙時，心中的感覺是：「我樂暈了。由於我沒喝過酒，我無法比較那種感覺與香檳讓人亢奮的感覺，不過那是我體驗過最愉快的事。」

一般人憑直覺認為，不道德的行為會讓人有罪惡感、自責、心中充滿悔恨。通常的確是這樣，不過我們的研究發現，不一定如此。許多人在做了不道德的行為後感到快樂，甚至有些飄飄然，小甜甜或艾巴內爾會有那種感覺並非特例，這種現象不只是一、兩樁軼事而已。我們在數個實驗發現，比起壓抑自己不要欺騙的人，欺騙者回報的快樂程度高出許多，我們稱之為「欺騙快感」。

我們用各種條件與情境複製研究，每一次欺騙者都比較快樂。因此，我們不能假設人會因為罪惡感而不去欺騙他人。有的人，特別是體驗過騙人沒被抓到的興奮感之後，甚至可能沉溺其中。

欺騙讓人快樂的現象，帶來重要的實務考量。如果欺騙讓人有成就感，監視系統與嚇阻反而會鼓勵更多人欺騙。例如電腦駭客如果想挑戰自己，系統越安全，他們就越想挑戰。這種問題對線上安全來說大概特別嚴重，因為可以吹噓能力，是很大的「獎勵」。不過，「欺騙快感」對所有系統來說都是挑戰：更嚴格的控管或許能嚇阻某些人，但也可能反而讓人躍躍欲試。

當然，欺騙雖然可能讓人當下很興奮，伴隨而來的通常是負面的長期後果。人際關係可能受損，毀了一段婚姻，丟工作，甚至入獄。因此，我們在興奮時必須展現人類最重要的能力，別被欺騙的快感引誘：我們得展現自制力。

我們的研究顯示，欺騙和巧克力蛋糕很像，若要抗拒誘惑，我們需要自制力，而且不只是拒絕欺騙需要，幾乎每一個長期目標都需要——節食、運動、存錢等等，統統需要自制力。

自制力有兩個我們應該了解的關鍵：第一，自制力就像肌肉，很容易累，過度使用的話，一下子就會沒力。第二，每次我們做任何需要用上自制力的事，我們是在使用相同的自制力肌肉。也就是說，上班時不搭電梯走樓梯，午餐不吃巧克力蛋糕，報帳只報合理支出，都是在使用相同的自制力「肌肉」。這就是為什麼考試期間我們很難用功讀書，又吃健康食物，因為我們把大量自制力用在讀書，沒有多餘力氣抵抗垃圾食物的誘惑。

　　我們與鹿特丹管理學院的妮可・米德（Nicole Mead）做過一項研究。在實驗的第一階段，我們讓受試者看一段六分鐘的女子受訪影片，不過那段影片沒聲音，我們在螢幕下方一連放上「玩」、「緊」、「問候」等簡短字詞，每個字出現三十秒。我們請部分受試者「不要讀或不要看出現在螢幕下方的任何字」。看無聲影片很無聊，對多數人來講，「不」看螢幕下方的字很困難。如我們所料，受試者說這個實驗很累人。

　　接下來，我們給受試者機會欺騙，請他們接受數學測驗，每答對一題都能得到獎金。電腦會顯示分數，但卻是由每一位受試者告知實驗人員自己得幾分。受試者有欺騙的誘因，報高分會拿到更多錢。如同我們的預測，先前要自己不看螢幕底下的字，動用到自制力的受試者，他們多報答對題數的可能性是兩倍以上。我們從多個自制力與欺騙實驗得出相同結果：受試者動用過自制力後，比較可能欺騙。

　　關鍵就在這，我們想欺騙時，得靠著自制力肌肉拉住自己，然而，我們只有一塊自制力肌肉，而且那塊肌肉很容易累。

　　我們的建議是，留意自己的自制力肌肉。如果那塊肌肉剛使用過（不論是婉拒一片蛋糕，或是抗拒其他誘惑），最好讓自制力肌肉休息一下，重新充電，然後再做重要的道德決定。

　　不過，前文也提過，並非所有謊言都不道德。事實上，我們靠著欺騙與他人合作的頻率高到驚人。什麼樣的謊言是「利社會謊言」？原理是什麼？

當欺騙帶來合作

> 每一次說謊都是在犯罪。
>
> ——聖奧古斯丁（St. Augustine），5世紀

　　數個世紀以來，父母、配偶、宗教領袖都認為說謊是一種罪惡。但謊言真的都不好嗎？各位可以想一想，當祖母問你她做的肉餅好不好吃，朋友問你喜不喜歡她的婚宴，孩子問你他的合唱團表演得好不好，另一半問你新牛仔褲會不會讓他看起來很胖，

此時我們該怎麼做？碰上這類情境時，欺騙才正確，以免親朋好友和我們反目成仇。換句話說，有時我們靠著欺騙合作。

我們參與過華頓商學院艾瑪·李文（Emma Levine）主持的研究，一起研究「利社會欺騙」的好處，所謂的「利社會」，是指對其他人有好處的謊言。有的實驗請受試者判斷各種謊言的道德程度，其中某些謊言是利社會謊言。有的實驗請受試者得到同伴的建議後做決定，做完決定後，他們會得知兩件事：

1.　同伴是否誤導他們
2.　自己拿到多少錢

實驗有趣的地方就在這裡，有時被同伴欺騙，受試者反而拿到更多錢，也就是說部分謊言是利社會謊言。

我們做了數個不同版本的實驗，結果都一樣，相較於說實話的人，說利社會謊言的人被認為「更有道德」，被信任的程度更高。

欺騙有兩個重點：「預期」與「意圖」。在許多競爭情境下，我們預期對手會欺騙我們，例如玩撲克或談判時，要是對手不虛張聲勢，我們反而驚訝。相反的，在許多合作的情境下，我們期待別人會和藹可親，因此，當鄰居請我們吃飯，問我們好不好吃，他們想聽的可能不是誠實的回答。

北卡羅來納大學的艾莉森‧福萊格爾（Alison Fragale）發現，欺騙有時甚至被視為表達尊重的方法，例如同事沒來參加我們舉辦的派對，他們可能出於尊重，說自己病了，而不會說他們寧願待在家裡看影集。

欺騙有時甚至對我們的健康有好處，例如醫生可能誇大實驗藥物的效用，這一類的話或許是在欺騙，但通常是出於善意的謊言。哈佛醫學院的麗莎‧依宗尼（Lisa Iezzoni）發現，超過55％的醫生告訴病患的診斷結果比實際情形樂觀，許多醫生之所以誤導病患，為的是帶來安慰劑的自我療癒效用，以及讓樂觀帶來求生意志。

換句話說，人們重視誠實（的確應該重視），但仍有其他事更重要——例如好意與關懷。

雖然我們被教導說謊是不道德、不好的事，但謊言其實可以把人們凝聚在一起，還能促進信任。從這個角度來看，說社會謊言是否合乎道德？我們會說：是。

我們不只認為利社會謊言合乎道德，還要在這裡建議，與其告誡孩子永遠不准說謊，還不如教他們善意的原則，讓他們知道面臨「說實話」或「表達善意」的兩難時，應該小心做選擇，深思熟慮後再下判斷。

　　當然，說實話傷人有時其實是利社會行為，因為長遠來說對對方有好處。我們說謊，告訴別人他們表現得很好，是在剝奪他們從錯誤中學習的機會。少了誠實的回饋會讓我們陷入平庸。別人表現普普通通時，我們得拿捏如何讓他們對自己保持信心，但又能從錯誤中學習。

　　也因此，當我們決定要殘忍地說實話，或是說利社會謊言時，得考慮兩個關鍵問題：首先，提振對方的自信心有多重要？直言不諱的意見，是否會傷對方傷到失去自信？第二，我們的意見對對方的長期成功來說有多重要？如果是會影響未來的事，誠實可能是比較好的選擇；然而如果是無關緊要的事，例如奶奶做的肉餅好不好吃，或許利社會謊言是正解。老師、父母、教練、主管，許多人永遠在考量該不該說實話。

　　有時欺騙是在合作，有時欺騙對我們不利，我們應該留意哪些蛛絲馬跡，不讓自己被愚弄與利用？

疑點重重的詐騙，為什麼還是有人相信

　　伯尼・馬多夫（Bernie Madoff）犯下美國史上最大的龐氏騙局，透過詐騙基金詐騙數十億美元。不知何故，證券交易委員會沒發現異狀。但其實馬多夫的詐騙行為並非天衣無縫，例如證券業主管哈利・馬科波洛斯（Harry Markopolos）就發現事情不對勁，認為警訊清清楚楚擺在眼前，甚至曾向證交會投訴，但沒人聽他說話，要是有聽就好了。

　　馬科波洛斯看到的警訊包括：第一，馬多夫的投資報酬率太高，都是正數。投資過股票市場的人就知道，股票會漲……也會跌，然而馬多夫的基金幾乎永遠賺錢，只有 4% 的月報酬率為負數！

　　第二，馬多夫保密到不尋常的程度，例如他拒絕所有的外部稽查，不準任何人做盡職調查。此外，他不允許任何跟著他投資的第三方對沖基金，廣告兩者的關連。由於馬多夫不允許盡職調查，短期信貸市場將他拒於門外，他得用非常高的利率借錢，這又是另一項警訊。

　　第三，馬多夫宣稱自己採取擇時投資法，不斷進出股票市場，然而沒有人那樣投資。此外，他宣稱自己的股票與 OEX 指數選擇

權對沖，但馬科波洛斯知道不可能，因為 OEX 選擇權數量根本不到馬多夫需要的量。

馬多夫令人霧裡看花，代表警訊的紅旗不斷在揮舞，證交會卻視而不見，原因可能是證交會內部的官僚體制，讓組織難以看見警訊。那麼，個人是否比組織好，更能看到蛛絲馬跡？如果一陣紅旗在面前揮舞，職業是正式牧師兼心理治療師的人會有什麼反應？接下來的例子讓我們看到，答案是依舊被騙。

約翰·伍利（John Worley）犯的第一個錯是，打開一封收件人不詳的「執行長／老闆您好」的電子郵件；他犯的第二個錯是回那封信。信上寫著：「我決定向您求助，請您幫助我將一筆錢從南非轉到您的國家，讓錢能做進一步的運用與投資。」那封電子郵件的署名是約書亞·姆波特上校（Captain Joshua Mbote）。上校說自己擁有 5,700 萬美元，需要擁有國外帳戶的夥伴。

各位會相信這個姆波特上校嗎？一般人馬上會說：「鬼才相信！」然而這一類的詐騙從我們與伍利這樣的一般大眾身上，騙到數百萬美元。

伍利收到疑點重重、隨機釣魚的電子郵件，完全不認識的陌生人要他提供銀行帳戶資訊與匯錢，並飛到非洲，還答應給他驚人的 1,600 萬美元酬勞。

我們想了解，為什麼眼前是如此像警訊的線索，伍利卻輕信陌生人，沒有立刻逃離，飛奔到最近的出口？

奇怪的是，伍利其實在被詐騙過程中多次起疑，但詐騙者輕鬆就解除他的疑慮。例如伍利問姆波特怎麼會找上他，姆波特解釋是南非內政部提供的資料。多數人聽到後會想：南非什麼部？然而伍利信了。

更糟的是，伍利收到來自「共同投資人」4 萬 7,500 美元支票時，他感到奇怪，因為開票人是聽都沒聽過的「席姆斯公司」。伍利存支票前先打電話給銀行，這個處理方式很聰明，因為這張支票是假的。伍利與姆波特對質，說自己要退出。

然而，伍利宣布退出不久後，開始收到署名不一樣的電子郵件：自稱是前奈及利亞獨裁者之子的穆罕默德・阿巴查（Mohammed Abacha），說自己有一筆錢藏在迦納，原本是姆波特在幫忙代操那筆錢，但處理得很糟。穆罕默德道歉先前事情搞成那樣，他向伍利保證，現在由他親自接手，事情將回歸正軌。他要伍利連絡一個叫瑪麗安・阿巴查（Maryam Abacha）的人，瑪麗安是將軍遺孀，也需要有人幫忙匯很大一筆錢。

伍利注意到自己收到的電子郵件「瑪麗安」的拼法不一樣。

有時拼成 Maryam，有時拼成 Maram，有時拼成 Mariam。伍利在信上說：「我以為每一個人應該都知道如何拼自己的真實姓名，但顯然有人不知道。」

即便如此，伍利還是沒被嚇跑。詐騙集團安撫他，再次贏得他的信任，甚至要他做徵信調查。伍利越陷越深，設立離岸帳戶，還存了兩張支票，一張是來自羅伯特工廠公司的 9 萬 5,000 美元支票，一張是密西根某行銷公司的 40 萬美元支票。最初支票順利存入，伍利的戶頭入帳，接著他立刻依照瑪麗安的指示，把錢匯到瑞士帳戶。

然而，那些支票是偽造的，伍利完了。

伍利被捕，依銀行詐騙、洗錢、持有偽造支票等罪名被送上法庭，罪名全部成立，判處兩年徒刑，並且必須賠償 60 萬美元。

為什麼伍利如此願意相信詐騙集團站不住腳的解釋，特別是在他們弄錯故事、拼錯自己的名字，還寄給他假支票之後？

我們可能以為自己擅長找到欺騙的線索，然而事實上我們全是蹩腳的謊言偵探。

欺騙會成功，通常有兩個原因：首先，人天生信任他人。除非我們有別人說謊的證據，不然我們一般相信別人說的話，也相信他們告訴我們的事。我們尤其相信自己認識的人——家人、朋友、同事。這叫「事實偏見」，事實偏見對騙子來說很有利。

我們想要相信時，大腦會協助我們無視於反對意見，就算證據再明顯也一樣。伍利是這樣，曾經被詐騙高手騙過的民眾也是這樣。想一想數千名將畢生積蓄交給馬多夫的投資人！

謊言會得逞的第二個原因，則是**我們對於自己察覺謊言的能力過分自信**。戀愛中的人尤其如此，我們自以為十分了解伴侶，要是對方有欺騙行為，我們會自動察覺，那些號稱「如果她說謊，我會立刻知道！」的丈夫其實錯到離譜。

我們在信任他人之前，首先得想想自己想要相信什麼，接著，我們必須仔細思考自己不想相信什麼。雖然這種事讓人不舒服，但是不被騙的最佳方法，就是**主動找出不希望找到的線索**。如果我們被騙，早知道比晚知道好，最好是在被載去賣掉之前得知實情。

我們很難發現欺騙行為，不過警訊常常就在眼前，只是我們視而不見。幸好科學告訴我們許多騙子會留下的線索。

串起蛛絲馬跡，就能看見紅旗

要看出別人說謊的徵兆之前，首先必須建立基準線。以金融市場為例，只要知道市場經常上下波動，就會知道 96% 的時候都是正報酬率並不尋常。

同樣的，我們清楚朋友與對手平日的樣子，才有辦法察覺代表他們說謊的異狀。畢竟什麼才是「正常」行為，每個人不一樣，有的人本來就不太和別人做眼神接觸，有的人整天把「老實講」掛在嘴邊，有的人平日就會做出不太恰當的舉動。因此，雖然上述行為都是欺騙的徵兆（後文會再解釋），但如果對方平日就是那樣，就無法依據那些行為斷定他們在說謊。

測謊時做的第一件事就是建立基準線。許多人都知道，測謊器只能測反應有多強烈，但有的人平均而言比其他人容易激動，因此如果沒有代表常態激動程度的基準讀數就無法進行測謊。測謊員必須比較當事人回答簡單問題時的激動程度，例如：「你叫什麼名字？」以及當事人面對難以回答的問題時的激動程度。

如果知道要留意哪些蛛絲馬跡，基準線甚至可以讓人看出職業撲克玩家在唬牌。哥倫比亞大學的麥克・史列皮恩（Michael Slepian）發現，就連職業撲克玩家都會讓人看到紅旗。撲克選手是隱藏面部表情的專家，然而他們的肢體依舊會洩露出手上是否有好牌的線索。怎麼看得出來？就看他們伸手移動籌碼的方式！手很穩，代表有自信，唬牌時手臂則會左右晃動，不會直直伸出去。換句話說，就連最厲害的說謊者也有露餡的時候。有了基準線，就知道哪些事可疑。

　　有了基準線之後，接下來得留意別人說了什麼。

　　該怎麼做？首先，要問對問題。我們與哈佛大學的茱莉亞・明森（Julia Minson），一起研究什麼樣的問題最能讓謊言現形。

　　舉例來說，你想買二手車，你可能會問一些範圍廣泛、沒有固定答案的一般性問題，例如：「介紹一下這輛車吧？」一般性問題雖然可以展開話題，卻不太能挖掘事實，因為對方可以輕易省略關鍵資訊。

　　因此，各位可以問帶有正面假設的問題，例如：「這輛車沒有任何變速問題吧？」這種問題比較能讓謊言現形，因為它迫使回答問題的人必須吐實或證實假資訊。

　　不過，最有效的問題是帶有負面假設的開放性問題，例如：「這輛車有什麼問題？」因為這樣的問題迫使回答者揭露資訊，或是主動提出欺騙性的答案。

　　另一個讓謊言現形的方式則是增加「認知負荷」。人在說謊時得動腦筋。作家馬克・吐溫（Mark Twain）說過一句話：

　　如果你說的是實話，什麼都不用記。

　　換句話說，說謊時得一邊編故事，一邊還得記住事實，大腦要處理與記住的資訊增多，認知負荷變大。

　　認知負荷為什麼能讓謊言現形？我們腦筋動得厲害時，溝通方式會出現變化，例如想著要講什麼的時候，會出現比較多「嗯」、「啊」等填補空白的支支吾吾。此外，我們得花較長時間，才有辦法回答問題，而且手勢會變少。或是手在動或點頭的時候，看起來會有點像機器人，動作遲緩。

　　此外，認知負荷重會導致錯誤，我們可能講錯話，嘴上說「對」，卻搖頭表示「不對」，甚至中途糾正自己說錯的地方：「對……啊，我是說不對。」警探與調查人員經常利用增加認知負荷這一招揪出說謊者，若能讓騙子腦子轉不過來，他們必然會出錯。

　　怎麼做可以增加認知負荷？有的調查人員會不按照時間順序問問題，或是問看似無關緊要的細節，例如：「當時天氣如何？」此外，調查人員也可能播放談話性電台節目或開著電視當背景音，製造干擾，接著好整以暇，等著嫌疑犯出錯。

　　一旦有了基準線，問增加認知負荷的難題，就可以開始仔細觀察對方的一舉一動是否露出端倪。接下來是四種辨認警訊的方法。

警訊 1：不合常理的行為舉止

　　2002 年聖誕夜，懷著七個半月身孕的蕾西・彼德森（Laci Peterson）最後一次出現在眾人眼前。

　　蕾西的丈夫史考特・彼德森（Scott Peterson）晚上結束釣魚回家後，發現妻子的車停在家裡，皮包、鑰匙、手機也在屋內，但人不見蹤影。史考特打電話給丈母娘，問蕾西在不在娘家，丈母娘說不在，史考特冷靜告知：「蕾西失蹤了。」

　　不幸的是，三個半月後，蕾西的屍體被沖上舊金山灣海岸，一屍兩命，她是被人謀殺後棄置於當地。

　　史考特在妻子失蹤後的表現讓調查人員認為他涉嫌重大。首先，他的行為實在不像一個心煩意亂的丈夫。想一想，如果是各位懷孕的妻子失蹤，你會有什麼反應。

　　你會一邊鎮定找人，一邊用手機聊天嗎？你會跑去打高爾夫嗎？你會在太太才失蹤幾天後，就訂閱色情頻道，而且還訂了兩個頻道？你會賣掉太太的車嗎？史考特就做了以上所有的事。

　　還記得前文說的基準線嗎？我們需要找出什麼樣的行為對這個人來說是正常的。以烤蛋糕這種很普通的事為例，某大學生（這裡就不提他的名字）放假時回家，向父親借奶油，理由是他要到朋友家做布朗尼。這聽起來是個很單純的要求，但父親立刻起疑，直接問兒子是不是要做大麻布朗尼……結果真的是！這位父親怎麼知道？因為他兒子以前從來沒做過布朗尼！兒子的行為偏離基準線，做出不尋常又罕見的事。

　　總而言之，識破謊言的第一個線索是行為是否不尋常、罕見或不恰當。史考特的行為顯然偏離常態。

警訊 2：朝出口跑

　　家屬記者會上，記者問史考特是否為嫌疑人，史考特的回應是衝出記者會。

　　一般人說謊時，通常會因為害怕被抓到而焦慮，感到焦慮時，會想離開當下的情境，以減緩焦慮，史考特正是如此。此外，這也是為什麼騙子經常望著門，查看手錶，還會表示自己想立即結束訪談。有的人身體會朝著出口，或是做出「視覺阻斷」的動作，閉上眼睛想像自己身在他方。

結論是，如果各位問了難以回答的問題，對方的視線開始尋找最近的出口，他可能就是在說謊。

警訊 3：做過頭

柯林頓總統被指控和實習生有染時，在鏡頭前講了一段出名的話：「我要再講一遍，我和那位陸文斯基小姐沒有性關係，我從來沒向任何人說過謊，一次也沒有──從來沒有。那是不實指控，我必須回去繼續為美國人民工作。」

各位大概注意到，柯林頓這段話表現出他急於「回去工作」，也就是警訊 2，不過，這段話還透露另一個線索：過分的重複。「我從來沒向任何人說過謊，一次也沒有──從來沒有。那是不實指控。」過分強調是警訊 3。

說謊者因為急於表現出可信的樣子，一般會做過頭，不斷重複講「老實講」，或是提起自己的宗教背景。此外，他們可能為了提高社會地位與可信度，不斷提起自己的學經歷，或誰誰誰是他們的朋友。

　　舉例來說，某些罪犯讓當局起疑的原因，是他們在接受訊問時過於放鬆，甚至靠藥物來達到效果。他們試圖製造一切正常的印象，反而因此露餡。

　　同樣的，騙子努力製造正常的印象、試圖捏造完美的謊言時，也經常會做過頭。幾年前的一個例子正是如此，荷蘭聲譽卓著的伊拉斯姆斯大學的德克・史密斯特（Dirk Smeesters）是學術界閃耀新星，以驚人速度不斷發表論文，步步高升，研究備受讚揚。

　　史密斯特如此傑出，我們的同事尤里・西蒙遜（Uri Simonsohn）自然留意到他的論文。由於我們科學家經常被要求分享研究成果，西蒙遜向史密斯特要數據時，史密斯特立刻傳給他。西蒙遜思索數字時，發現有地方不對勁。

　　史密斯特有一項研究是問人們願意花多少錢購買不同設計圖案的 T 恤，許多學者都做過類似研究。西蒙遜看著答案分布，發現其他實驗大約八成的答案都是五的倍數，然而，如果數字是隨機產生，大約只有兩成會是五的倍數，西蒙遜注意到史密斯特的數據看起來就像那樣。史密斯特捏造數據，為了讓數據看起來「正常」，提供看似隨機的數字，但他做過頭了。

　　當然，後續的造假調查沒這麼簡單，不過相關數據讓西蒙遜看到警訊。史密斯特為了讓自己看起來可信，刻意避開和五有關的整數，試圖讓數據看起來像是真正的受試者提供的答案，反而弄巧成拙。

警訊 4：說的話和肢體語言不合

　　我們尋找蛛絲馬跡時，也要注意對方說的話與說的「方式」是否一致。陪審團在開庭期間之所以相信席夢娜，是因為她外在給人的感覺符合她說的話。陪審團團長凱琳・艾林—史威克（Caryn Eyring-Swick）表示，這點是陪審團相信她的原因：「她在法庭上並未崩潰或驚慌失措，你看得出她收緊下巴。我們知道傑瑞・拉馬丹做了影響被害人一生的事。」

　　前奧運英雄瑪麗恩・瓊斯（Marion Jones）就不一樣了。瓊斯在 2000 年雪梨夏季奧運摘下五面獎牌後，被指控使用禁藥。她召開記者會，否認相關指控，然而她說自己很生氣，但動作和聲音只讓人感受到悲傷的情緒。瓊斯說的話和說的方式搭不起來。

　　因此，對方在表達自己的感受時，我們應該仔細觀察。如果他說自己很開心，他真的看起來開心嗎？還是有點難過？如果他說自己很興奮，是否其實看起來有點無聊？

最後，與其問自己對方是否在說謊，我們建議不如問以下這個問題：你完全接受對方的答案嗎？如果總覺得哪裡不對勁，那就挖深一點，有時我們下意識會看到警訊。

找到正確平衡：大膽信任，小心求證

前文提到，如果我們過於輕信，敵人會利用我們；然而，多疑也會交不到朋友，無法得到合作的好處。要在合作與競爭間抓到平衡，我們得敞開心胸，不過也得小心別被占便宜。

雷根總統有一句話很出名，他提到俄國人時說：「大膽信任，小心求證。」我們得相信別人，但也得想辦法讓自己不被騙。

過與不及會發生什麼事？以網路約會為例，前文提過許多人在網路上的資料經過美化，如果我們過於相信自己看到的資訊，會誤以為對方又高、又瘦、又年輕；然而，要是信任感不足，我們永遠不會出門約會。

　　我們得在過與不及之間抓到平衡，仰賴自己讀到的東西（帶著保留態度），但也得額外蒐集資訊。有時我們得確認他在社群網站的自我介紹，有時得向共同認識的人查證。有的文化甚至會僱用私家偵探調查潛在交往對象的身家背景。

　　另一個避免過與不及的方法則是遵守標準程序。政策、手續與程序有時雖然麻煩，但可以讓我們提高警覺心，不至於被騙。

　　不遵守程序會發生什麼事？可能發生悲劇。

　　911 攻擊事件過後，CIA 面臨取得蓋達組織情報的龐大壓力，2009 年開始找到可靠線人，鎖定位於巴基斯坦的蓋達組織。如同聯合國蓋達組織與塔利班監察小組負責人理查・巴瑞特（Richard Barrett）所言：「人員情報來源開始有所斬獲。」

　　情報來源之一是醫生哈曼・卡里・阿布穆拉・巴拉維（Humam Khalil Abu-Mulal al-Balawi）。巴拉維在網站發表激進言論，約旦情報單位告訴巴拉維，他必須和他們合作，否則他的網路言論會使他入獄，斷送醫生前程。他們送巴拉維到巴基斯坦，要他滲透當地蓋達組織。

　　美國情報人員表示：「首先，巴拉維有激進分子的背景，也有接觸資深人士的門路。第二，可靠的盟友情報單位相信自己已經成功收編他，之後也一直合作。第三，他提供了經過獨立驗證的情報。」

巴拉維答應提供蓋達組織二號人物艾曼・扎瓦希里（Ayman al-Zawahiri）的情報時，CIA 十分興奮。

CIA 安排與巴拉維親自見面，2009 年 12 月 30 日，一名阿富汗司機載著巴拉維，抵達 CIA 靠近阿富汗霍斯特省的查普曼營基地。

依據程序，CIA 應該先檢查巴拉維和車子，但巴拉維進入營地時未被搜身。CIA 情報人員可能對巴拉維太有信心，或是不想冒犯他，也可能兩者兼具，結果釀成一場悲劇。巴拉維一踏出車外，就引爆爆裂物背心，七名 CIA 人員、一名約旦人員與司機喪命。也就在幾分鐘前，CIA 眼看就要獲得重要情報，卻演變成史上損失最慘重的一天。

以事後之明來看，部分 CIA 與約旦情報人員曾經高度懷疑巴拉維的企圖，約旦情報人員甚至警告 CIA，巴拉維可能試圖「誘使美國人落入陷阱」。

為什麼 CIA 探員如此輕信？幾個心理因素對他們不利。首先，他們處於立功的龐大壓力。第二，CIA 和其他許多受騙者一樣，想要相信巴拉維的確握有可以採取行動的情報。第三，證據證明巴拉維值得相信：約旦情報單位替巴拉維擔保，而且巴拉維過去也提供過足以證明自己願意合作的情資，取得 CIA 的信任。CIA 過於相信檯面上的資訊。

保護自己的關鍵，除了必須建立流程，還得遵守流程——就算麻煩也一樣。

最後，不要忘了欺騙無所不在，不論是約會網站的自我介紹，還是犯罪調查，欺騙是社會的一環。我們要了解欺騙並預做準備，才能有效競爭與合作。

欺騙被識破時，信任消失，關係也被破壞。發生這種情形時，要如何重新建立信任感並修復關係？這是下一章要討論的主題。

CHAPTER 8

打壞的關係，要如何重拾信任？

　　急診護士第一個注意到十八個月大的凱琳・索沙（Kaelyn Sosa）胸腔沒有起伏。

　　凱琳先前接受麻醉，氣管插入連接呼吸器的軟管，但是在照磁振造影時，管子不小心移位，氧氣被切斷。

　　發現情況不對勁的護士立刻呼救，但只找到成人用的復甦設備。等醫護人員手忙腳亂找到兒童用的管子與面罩，已經錯過救命的黃金時刻，剛才缺氧的幾分鐘造成嚴重腦傷，掌控運動的基底核區域受損尤其嚴重，凱琳再也不能說話與走路。

　　不過幾個小時前，凱琳的家人正準備慶祝跨年，但凱琳和哥哥玩的時候，不小心跌倒撞到頭。母親姍蒂連忙送女兒到邁阿密浸信會兒童醫院急診中心做檢查。醫院的醫療團隊擔心凱琳出現癲癇，先是做了電腦斷層檢查，接下來又照了致命的磁振造影。

對於多數遭逢不幸的父母而言，這類醫療疏失會讓他們憤怒不已，提起法律訴訟。醫院人員顯然犯了很大的錯誤，而且這個錯誤造成巨大的長期傷害。美國的病患與家屬每年大約提起一萬起醫療過失訴訟，凱琳的家人很可能也成為其中一員。

然而，凱琳一家人並未走上法律訴訟這條競爭的道路。雖然他們知道能拿到巨額賠償，但他們沒有控告院方，還帶凱琳回浸信會醫院做後續治療，甚至成為醫院代言人──母親姍蒂成為醫院醫療品質與病患安全指導委員會的社區連絡人，還與先生一同參與十五分鐘人員教育影片製作。

凱琳一家人原本會成為浸信會醫院最大的敵人，然而醫院卻讓他們變成強大的盟友。浸信會醫院如何辦到這個看似不可能的任務？醫院做了一件很簡單、但很有效的事：他們道歉。

本書先前的章節挑戰「信任必須慢慢培養」的看法，提到信任感可以一下子建立起來，還可能被利用。本章則要換個角度，探討如何才能挽回被破壞的信任。後文將介紹重建關係的方法，再敵對的關係，也能變成合作關係。雖然很少人會碰上這麼重大的事件，但我們總有讓配偶、朋友、同事失望的時候。要在生活與工作中成功，我們需要修補人際關係的方法。下文即將介紹，如同浸信會醫院與凱琳一家人的例子，誠心道歉非常有效。

　　首先，讓我們來看修補關係的關鍵原則，有的人順利修復關係，有的人搞砸。以下介紹道歉何時有用，何時沒用，以及為什麼簡簡單單的一句「我很抱歉」，許多人說不出口。

為什麼安德森與史必哲一蹶不振，
瑪莎・史都華卻能捲土重來

　　亞瑟・安德森（Arthur Andersen）聲譽卓著，1916 年成立會計事務所以來，盡一切努力經營誠信名聲。據說他剛開始執業時，曾有鐵路主管要求他認證有瑕疵的會計報告，安德森告訴對方，就算給他全芝加哥的財富，他也不可能認證有問題的財報。安德森著名的座右銘是：「行得正，坐得端。」

　　到了 20 世紀尾聲，安德森創立的安達信已經成為美國會計事務所龍頭。不幸的是，隨著公司成長，文化也開始改變。雖然安德森本人抵抗住誘惑，拒絕認證有問題的財報，但數十年後，會計所合夥人卻做了那樣的事。2002 年時，美國發生史上最大企業破產案，安達信因銷毀安隆會計文件被判有罪後，被吊銷執照。

2005 年，美國最高法院推翻有罪判決，安達信得以恢復營業，然而民眾已經失去信心。雖然法律上安達信可以繼續營業，事務所已經身敗名裂。

艾略特・史必哲是另一個在事業早期努力建立名聲的例子。身為檢察長的他，積極起訴各種白領犯罪，打擊賣淫集團，挾著強力打擊犯罪的超高聲望，成為紐約第五十四任州長，然而一年後跌了一大跤。調查人員追蹤金錢流向時，發現史必哲雖然大力起訴賣淫，自己卻使用帝王俱樂部 VIP 召妓服務，金額至少達 1 萬 5,000 美元！

史必哲努力打擊犯罪活動，自己卻也參與其中，最後身敗名裂。人們覺得他不但違反道德，還是個偽君子，辜負紐約人民的信任。新聞爆發一週內，史必哲便辭職。

史必哲下台五年後，試圖重返政壇，參加比較不受外界矚目的紐約州主計長選舉。他努力贏回選民的信任，採取和浸信會醫院相同的策略：「我希望大家能原諒我，我懇求大家原諒。」然而，史必哲連第一輪都沒通過，在民主黨初選就敗給另一位知名度較低的候選人。

史必哲和安達信會計事務所一樣，就算努力彌補，依舊無法重建自己毀掉的信譽。為什麼？因為他不只違反道德原則，他破壞的是特定類型的信任——也就是「核心破壞」。

如果要了解信任是怎麼一回事，首先要了解信任的破壞有兩種，一種是「核心破壞」，一種是「非核心破壞」。「核心破壞」是破壞人們最初信任你的主要原因，「非核心破壞」則僅涉及次要的信任。「核心破壞」會讓名聲再也無法恢復，「非核心破壞」則出乎意料地很少帶來長期傷害，例如瑪莎・史都華的例子正是「非核心破壞」。

瑪莎在 1990 年代成為家喻戶曉的人物，建立起媒體帝國，推出數本暢銷書、評價極高的電視節目、走到哪都看得到的《瑪莎史都華生活》（*Martha Stewart Living*）雜誌，以及廣受歡迎的網站。

瑪莎後來因為很不一樣的原因變得聲名狼藉，她在 2001 年 12 月 27 日那天進行股票交易，將名下英克隆生物科技公司三千九百二十八股全數賣出。當然，許多人每天都出售股票，但這次的出售不一樣。瑪莎出脫股票隔天，就傳出美國食品藥物管理局拒絕審核英克隆的癌症藥物，英克隆股價暴跌。瑪莎因為一天前賣掉股票，免於數萬美元的損失。由於時機過於湊巧，證交會調查人員懷疑有內線，要求瑪莎解釋為何出脫持股。瑪莎的否認換來五個月徒刑。陪審團在舉世矚目的審判中判定她對調查人員說謊，瑪莎因偽證罪入獄。

瑪莎被定罪時，名嘴紛紛猜測她出獄後會發生什麼事，畢竟瑪莎的媒體帝國靠的正是公眾形象，她幾乎所有事業都用自己的名字當招牌。六十三歲的瑪莎・史都華在眾目睽睽下被定罪還坐牢，能否東山再起？

瑪莎讓許多人跌破眼鏡，出獄不到六個月便捲土重來，《瑪莎史都華秀》（*Martha Stewart Show*）開播就創下高收視率，甚至立刻推出第二個節目《誰是接班人：瑪莎史都華》（*The Apprentice: Martha Stewart*）。接下來幾年，瑪莎又再度推出大約十二本暢銷書，肖像出現在K-mart與梅西百貨各式各樣的產品上，甚至和建商合作推出「瑪莎史都華社區」，旗下有一系列的「瑪莎＋KB之家」。好奇瑪莎會有什麼下場的人現在有了答案：她重返江湖！

為什麼瑪莎破壞了民眾對她的信任，卻能贏回信任，安達信與史必哲卻失敗？答案與他們違反的信任類型有關。

民眾期待瑪莎提供時尚、食譜與居家裝潢建議，簡言之，人們信任瑪莎的風格與品味。內線交易與誤導聯邦調查人員的確是相當嚴重的罪名，但卻與人們信任她的原因無關。

相較之下，安達信被託付認證財報，史必哲則是被託付捍衛法律，兩者皆違反他們理應守護的原則，他們破壞的信任是「核心破壞」。

讓我們來看另一個「非核心破壞」的例子。節目主持人大衛·賴特曼（David Letterman）和史必哲一樣，喜歡拈花惹草，不過賴特曼破壞的信任和瑪莎很像。賴特曼與女同事有婚外情。2009 年時，婚外情東窗事發。CBS 製作人交給賴特曼的司機一個寫著「機密文件，不得外傳」的信封，信封內裝著電影劇本，內容描述賴特曼與工作人員之間不堪的關係，並要求 200 萬美元封口費。製作人為了寫出勒索賴特曼的內容，甚至取得賴特曼其中一名女友的日記。

賴特曼如何處理被勒索的事？他乾脆先說出這件事，坦承自己和女性工作人員有染，還運用自己最重要的喜劇長才淡化這件事，在《晚間秀》（Late Show）開玩笑現在許多女性對他很感冒：「我今天開車上班時，連導航女士都不肯跟我說話。」醜聞爆發後，賴特曼收視率暴增，觀眾一點都不在意他拈花惹草的行為。為什麼？因為民眾看他是為了看他的機智與幽默，而不是向他尋求對婚姻忠實的忠告。賴特曼和瑪莎都破壞了信任，但不是「核心破壞」。

前述例子顯示，「非核心破壞」可以輕易修補，通常只需要表現悔意就足夠。然而如果是「核心破壞」，修補信任就沒那麼簡單。不過，儘管困難重重，還是可能辦到，只要處理得當，甚至還能帶來建立信任的機會。

笨蛋，重點是道歉

麗思卡爾頓飯店以優秀服務聞名於世，如果要求飯店叫你起床，一定會準時接到電話，然而史黛希・海倫（Stacey Hylen）入住鴿子山麗思卡爾頓時，飯店卻沒打電話叫她，她醒來後發現自己大遲到，火冒三丈！史黛希撥電話向櫃檯抱怨……結果有趣的事發生了，她很快就不再生氣。

櫃檯人員是如何辦到的？櫃檯人員發現錯誤後立刻道歉，表示要送早餐到史黛希的房間，史黛希說不用了，她當天還有其他安排。不過，史黛希晚上回飯店時，發現房間裡有新鮮草莓、糖果、果乾，還有一張手寫的道歉函。由於這些貼心的小舉動，史黛希沒有到網路上大罵麗思卡爾頓，反而成為忠實支持者，大力讚揚飯店「五星級的顧客服務」。

再看另一個例子，好的道歉可以讓公司得到好評，甚至提升品牌形象。1989 年時，豐田汽車推出凌志品牌，以滿足高階豪華汽車的需求。然而，公司才在美國市場推出這個新品牌幾個月就發生問題，凌志必須召回第一款車進行維修。這絕對是「核心破壞」，直接破壞品牌與顧客之間的信任關係——顧客期待車子理應安全可靠——對凌志來講是致命傷。

然而，凌志積極處理危機，讓這次的信任危機變成一次成功的行銷。公司不是簡單送出客戶通知，一次對外宣布召回車輛，而是親自打電話給每一位車主，沒錯，一通一通打。接著，公司又盡量方便車主修車，要是車主住得太遠，他們會派技師直接到客戶家。此外，車子修理完之後，每一輛車都做汽車美容還加滿油才送回去。三週內，凌志就從危機中脫身，品牌名聲還提升——這下子凌志不只是品質好，客戶服務也很出名。如同某雜誌所言，凌志這次的處理是「完美的召回」。

　　顯然，不論是忘了打電話叫客人起床、有缺陷的車，或是移位的呼吸管，破壞客戶的信任都會讓關係陷入危機。在不穩定的動態中，朋友很容易變敵人，然而，若能快速修補關係，就能讓互動回歸友誼。一段關係能否挽回，通常要看後續的修補方式，違反信任的那件事反而不是那麼重要。有時，有效的道歉甚至能提升形象與關係。

　　如果前述的例子還不足以說服各位，可以再參考諾丁漢大學約翰妮斯・亞伯勒（Johannes Abeler）主持的德國 eBay 研究。論文作者連絡六百三十二位給中等或負評的 eBay 顧客，請他們收回自己的評分，有的顧客得到現金賠償，有人拿到 2.5 歐元，有人拿到 5 歐元；有的只有口頭道歉，只聽到：很遺憾您不滿意我們的服務……我們在此致歉。

　　拿到 2.5 歐元的顧客，19.3％移除負評；拿到 5 歐元的顧客，22.9％移除負評；然而收到道歉過後──一分錢也沒給── 44.8％的顧客移除負評。

　　簡單說出「我很抱歉」的力量強大，而我們說的方式，以及我們道歉時所做的事，會讓事情很不一樣。

為什麼手機天線有問題比飛機出事更引起公憤

2005 年 12 月 8 日，西南航空 1248 號班機自巴爾的摩出發，預計前往芝加哥中途國際機場。芝加哥冬季嚴寒，機師預備降落時遭遇強風與能見度過低的暴風雪。

降落過程並不順利，飛機無法慢下來，它超出跑道，撞穿機場護欄，一路衝進機場外的道路，造成連環車禍。飛機終於停下時，一名六歲男孩死亡，十三人受傷。

這是西南航空成立三十五年來首宗傷亡意外。不用說，這屬於「核心破壞」。

幾小時內，西南航空執行長蓋瑞‧凱利（Gary Kelly）表達哀悼之情：

我們全員同哀，沒有任何話語能表達這起悲劇帶來的憂傷。我們十分遺憾地獲知，我們的飛機撞上車輛，造成一名孩童死亡，西南航空大家庭正在默哀，我們為那位孩童的家人祈禱。西南航空將盡一切努力提供資訊，協助受此次事件影響的人們……

凱利說到做到，他立刻率領公司高層飛抵芝加哥，在芝加哥再度開記者會，慰問每一位受傷民眾，承諾一定會協助傷患。此外，他也承諾執行接下來的飛安調查提供的所有建議。

凱利的道歉做得如何？《芝加哥論壇報》（*Chicago Tribune*）評論他道歉的重點在於「第一時間」表現出「關懷」。西南航空後續的營運不受此次意外影響，2006 年需求增加近 8％，獲利率也創新高。

凱利做對什麼？看另一個引起軒然大波的道歉就知道。

道歉很難，就連舉世公認的天才都不一定能好好道歉。要是蘋果執行長賈伯斯留意過凱利如何道歉，或是研究過德國 eBay 的調查結果，2010 年 7 月 16 日那天，他可能會舉辦非常不一樣的「天線門」記者會。

賈伯斯在擔任蘋果執行長期間，推出 iMac、iPod、iTunes、iPhone 與 iPad 等一系列劃時代的產品，蘋果與賈伯斯本人因而有了奉他們為教主的追隨者，人人知道他們創造出創新、可靠、趣味十足的產品，蘋果股價扶搖直上。

相較於蘋果與賈伯斯的名聲，iPhone 4 推出時可說是意外跌了一跤。iPhone 4 一如先前幾代的 iPhone，一推出就造成轟動，頭三週就賣出三百萬支。

iPhone 4 銷售一路成長，然而嘗鮮的使用者卻發現 iPhone 4 接收有問題，光是觸摸手機某處就會干擾訊號，一下子引發部落客猛烈批評。

蘋果最初忽視相關抱怨，但是當獨立消費者保護機構——消費者聯盟的《消費者報告》（Consumer Report）也指出問題，認為確實有瑕疵，而且屬於蘋果控管範圍，蘋果再也無法忽視 iPhone 4 的收訊問題。

賈伯斯和麗思卡爾頓飯店、凌志一樣，有機會挽回局面，畢竟連公司旗下飛機害死小男孩的凱利，以及造成小小孩腦部受損的浸信會醫院，都能靠著誠摯的道歉獲得原諒，道歉絕對能安撫顧客對於手機收訊不良的關切。2010 年 7 月 16 日，蘋果召開記者會解釋 iPhone 4 的瑕疵，這是賈伯斯與蘋果重新贏得顧客與股東的信任和讚美的絕佳機會。

然而，性格強硬的賈伯斯無法拉下臉道歉。他在面對媒體，宣布蘋果將協助顧客解決手機問題時，態度高傲又不情願，完全沒有認錯的樣子，甚至說：「我沒什麼好道歉的。」

賈伯斯提供顧客免費的手機保護套，但沒有表達出多少歉意——就和德國 eBay 顧客研究其中一組受試者一樣，只有少量賠償，沒有道歉。賈伯斯的態度甚至不尊重蘋果的顧客、股東與報導這起事件的媒體，認為情況沒那麼嚴重，還搬出蘋果製造優秀產品的名聲。

賈伯斯在記者會上播放強納森・曼（Jonathan Mann）製作的諷刺 MV〈iPhone 天線之歌〉（The iPhone Antenna Song），歌詞唱著：

> 如果你不喜歡 iPhone 4，那就別買。如果你買了不喜歡，就拿來退……但你知道你不會的。

賈伯斯後來宣稱自己「非常抱歉」，但又補上一句：「至於買蘋果股票、結果股價掉 5 美元的人，我沒什麼好道歉的。」接著又怪報導此事的媒體大驚小怪。

賈伯斯沒把那場記者會看成合作的機會，反而採取競爭姿態。蘋果接下來依舊研發出優秀的科技產品，不過這場插曲代表著蘋果的完美傳奇也有栽跟斗的時候。

道歉的公式：成功道歉的關鍵元素

西南航空執行長凱利為飛機事故道歉，以及賈伯斯在天線門事件的反應，兩者之間的巨大差異，讓我們看到「有效的道歉」與「不成功的道歉」之間的區別。究竟哪些事讓道歉有效？讓我們來看幾個關鍵元素。

關鍵 1：速度

凱利代表西南航空致歉時，最重要的關鍵就是他立即回應，這點讓他的道歉不同於先前所有大型航空表達歉意的方法。速度讓人看出凱利關切該次事件的程度。浸信會醫院也是一樣，一出錯就立刻向病患家人表達歉意，沒等內部的正式官方發言，也沒有含糊其辭，事情一發生，就立刻向凱琳一家人報告所有自己目前知道的事。

搞砸的時候，搶先承認最重要。

關鍵 2：坦誠

道歉必須透明才有效，換句話說，犯錯的人必須公開坦承哪裡出錯。

凱琳一家人表示，浸信會醫院能夠重新贏得他們的信任，關鍵在於院方完整揭露自己的錯誤。凱琳的母親後來表示，院方的坦誠不諱讓她得以度過最初的震驚。

關鍵 3：示弱

本書先前的章節提過，示弱是建立信任感的重要元素，重建信任感時，示弱同樣重要。以浸信會醫院的例子來說，出乎意料的是，院方之所以能避開一場訴訟，是因為他們決定坦誠自己的失誤──就算認錯會讓病患家屬抓到把柄。

我們甚至可以在其他靈長類動物身上看到，示弱可以重建信任。有些猴子打架過後，會將一根手指放在對方嘴上，向對方「道歉」。這是一個危險的舉動，靈長類動物下顎有力，生氣的猴子輕鬆就能咬掉對方的手指，然而，這個讓自己處於弱勢的舉動有著相當關鍵的功能：有效表達出自己信任對方。

關鍵 4：道歉的重點要擺在受害者身上

　　道歉必須表達出對於受害者的關切才會有用。這個道理聽起來很明顯，然而太多道歉的人以自我為中心，看小說家史蒂芬・金（Stephen King）的遭遇就知道。

　　一天下午，史蒂芬・金和平日一樣，早上寫作完後出門散步，沿著緬因州一條空曠的鄉間道路前進。途中他碰上開著多功能休旅車的布萊恩・史密斯（Bryan Smith）。史密斯當時的車速大約時速七十公里，眼睛卻沒看著前方道路，他的注意力都放在後座正在翻找冰桶的羅威納犬。心不在焉的史密斯撞到史蒂芬・金後，還以為自己撞到小鹿，一直到看到作家被撞飛的眼鏡掉進前座，才知道事態嚴重。

　　史蒂芬・金重重撞上擋風玻璃，人翻到休旅車上，部分頭皮被扯下，肺部塌陷，肋骨、膝蓋骨、臀部骨頭斷裂，腿也粉碎性骨折。日後將得接受五次手術並忍受多年難熬的痛苦。

　　史蒂芬・金回憶，自己和史密斯等救援時，史密斯轉頭向他表示同情：「我們兩個人可真衰。」當然，車禍對史密斯來說不是好事，但說自己不幸的程度和被撞的人一樣，顯現出驚人的以自我為中心的程度。

英國石油（BP）執行長東尼・海沃德（Tony Hayward）在深水地平線鑽油平台爆炸事件發生後，也說出自我中心的道歉。這起2010 年的爆炸事件造成十一名工人死亡，還帶來史上最嚴重的海洋漏油污染，然而一個月後，海沃德的道歉內容是：「我們為這場造成性命損失的重大問題致歉，沒有人比我更希望這件事能趕快結束，我希望我的生活回歸正軌。」

雖然道歉的重點明顯應該擺在自己道歉的對象，但真的要做到，常常出乎意料地困難。

關鍵 5：承諾改善

有效的道歉會提到自己預備如何彌補。西南航空執行長凱利承諾，後續調查所提出的建議他們都會執行。浸信會醫院在磁振造影出錯後，開始制定新醫療流程，例如只能在經過預約、有麻醉醫師或麻醉護士的陪同下，才能執行磁振造影。小兒急救車一定放著兒童尺寸的急救復甦設備。此外，醫院還設置用於小兒緊急事故的「紫色警報」按鈕。

我們的研究發現，承諾改善是道歉最重要的元素。我們其中一項研究，請受試者和一名同伴一起做一系列的金錢決定。那名同伴的真實身分是「假受試者」，一開始故意表現出不可信任的樣子，接著又表現出四種行為：

1. 完全不溝通
2. 簡單道歉
3. 答應會改（但沒道歉）
4. 簡單道歉並保證自己會改過

簡單道歉雖然有用，但答應會改，最能影響受試者在接下來的實驗回合重新信任同伴。

著名社會學家厄文‧高夫曼（Erving Goffman）主張，成功的道歉是讓道歉者分裂成兩個人，一個是為犯錯負起責任的人，一個是應該得到第二次機會的人。成功道歉之後，第二個人基本上會被視為與第一個人完全不同，此時關係就可以修補。

承諾改善會讓人「一分為二」：「舊的我」犯了錯，「新的我」則是完全不一樣的人。

浸信會醫院的例子就是這樣，凱琳的母親看到醫院做出的改變後表示：「這是全新的程序。」凱琳的父親也表示，醫院為了改變流程所做的努力，讓他能夠原諒院方。

關鍵 6：贖罪

「道歉」與「承諾改善」很有效，不過「贖罪」也會帶來很大的不同。贖罪是什麼？贖罪是一切能補償受害者的事物。

在許多傳統文化，送禮物是修補關係很基本的一環。就算「禮輕」，依舊象徵著悔意（雖然禮物越貴越好），不論是水果籃或免費的終身醫療照護，禮物都能改善關係。

不過，如同德國 eBay 的研究，光是物質補償還不夠，贖罪時還必須送出正確訊號才會成功。

訊號是指非口頭的訊息，可以傳遞難以證明、甚至不可能證明的資訊。如果要送出訊號，就得做出努力的舉動。舉例來說，我們面試時，可以告訴面試官我們非常有興趣在他們的公司上班，然而，如果要送出很感興趣的訊號，就必須為那場面試事先做背景調查，研究那家公司。同樣的，我們可以告訴某人我們對兩人的關係很認真，但如果要送出自己很認真的訊號，平日得到機場接送，或是購買有象徵意義的禮物。說出打動人心的話很重要，不過訊號的威力更強。

加州理工學院的柯林‧坎麥爾（Colin Camerer）從兩個面向探討訊號：「清楚」與「強大」。清楚的訊號能以不會被誤解的方式傳遞訊息，強大的訊號則有不可思議的效果。

　　強大的訊號代價高昂——費時、耗財，或是必須動用其他資源。真正強大的訊號，代價高到只有真心付出的人才會做出那樣的投資。舉例來說，要發送自己重視新戀情的訊號，可以送女方一打紅玫瑰，在紅玫瑰象徵愛情的文化，送花是清楚的訊號。然而，如果是知名演員查理・辛，送一打紅玫瑰就不是強大的訊號，為什麼？因為查理・辛家財萬貫，送成千上萬女人一打紅玫瑰都不是問題。

　　這樣說來，如何才能向另一半發送強大訊號，讓對方知道自己認真看待這段感情？我們其實有一個可以解決這個問題的社會常規：鑽戒。鑽戒之所以成為終生承諾的標準象徵，除了鑽石業者強力行銷之外，也是因為鑽戒很昂貴，是真心付出才會做這筆投資。如果你深深投入那段關係，你負擔得起昂貴的戒指。要是其實沒那麼投入，鑽戒貴到買不起。

　　戒指的高昂成本是求愛訊號的基本元素，西方文化甚至告訴我們應該花多少錢買鑽戒：依據收入多寡來判定（美國人的合理鑽戒價格是三個月薪水）。強大的訊號靠著高昂成本證明是真心投入。

　　浸信會醫院除了採取關鍵的補救措施，還免費提供凱琳未來所需的一切醫療照護。凱琳將需要多年照護，免費醫療可以解決凱琳一家人最關切的事。雖然對醫院來說成本很高，但也因此有效證明醫院多懊惱自己的失誤。

　　總而言之，前述幾個例子說明一個關鍵：信任很容易被破壞，犯錯又是難免的事，每個人遲早會犯錯，因此重點是學習以快速、坦率、有力的方式挽回失誤。

找到正確平衡：準備好說抱歉

　　前文提到，道歉是重建信任、修補關係的關鍵，那為什麼人們常常該道歉卻不道歉？艾爾頓・強（Elton John）的歌幫我們唱出答案：〈Sorry Seems to Be the Hardest Word〉──抱歉似乎是最難啟齒的話。

　　人們之所以不想道歉，明顯的原因是害怕道了歉就得負責，比較不明顯的原因則是害怕失去地位與權力。道歉是在暴露弱點，讓人不好受又危險，處於下風。當我們擔心自己的身分地位時，就不願意道歉。

　　事實上，昆士蘭大學的泰勒·沖本（Tyler Okimoto）發現，相較於道歉者，拒絕道歉者權力感比較強。為什麼？因為承認錯在自己，是在讓別人占上風，兩方的力量彼長我消。這點牽涉我們拒絕道歉的第三個原因：不願意坦誠犯錯。道歉是在發送承認自己犯錯的訊號，人們很難承認這種事。

　　坦誠錯誤很難，然而，只要立刻說出實話，就能修補關係，繼續合作。因此，我們得想辦法幫助自己道歉，就算我們的第一直覺和賈伯斯在天線門事件一樣，想保護自己、為自己的行為辯白。

　　麗思卡爾頓飯店、西南航空、浸信會醫院能夠成功道歉，原因是他們準備好道歉。他們甚至設定組織流程，讓自己能快速誠實地道歉並提出改善方案。

　　舉例來說，麗思卡爾頓飯店授權員工處理問題，員工每天最多可以花 2,000 美元改善與修補顧客關係。飯店靠著這個政策傳達出兩個訊息：

1. 公司極度重視顧客關係
2. 每一位員工都有權在信任出現裂痕時修補關係

　　有的組織是規定事情出錯時，員工必須誠實告知。本章反覆讚美浸信會醫院努力彌補錯誤，不過南佛羅里達浸信會健康醫療中心也有功。凱琳發生意外不久前，浸信會健康醫療中心定出必須完整揭露醫療失誤的政策。雖然浸信會醫院犯的錯嚴重到讓凱琳腦部受損，院方一絲不苟地遵守這個揭露政策。

　　另一個類似的例子是 2006 年時，伊利諾大學醫療中心也採取完整揭露每一個醫療失誤的政策，甚至特別設置協助員工揭露錯誤，以及向家屬道歉的服務。相較於這個政策通過前四年，通過後四年期間，該醫療中心的醫療訴訟數量下降四成。

　　組織可以訂定規章請員工道歉，身為個人的我們，則得替自己定好做人的原則，讓自己克服抗拒道歉的心理關卡。我們做不好的時候，很容易怪罪別人、怪罪外在環境，或是輕描淡寫自己造成的傷害，然而前文也提到，找藉口與否認只會讓修補關係難上加難。身為個人的我們必須設定不能跨越的界限，引導自己的行為。

　　在此我們建議，一旦開始想為自己辯護，或是合理化自己造成傷害的行為，就停下來思考道歉的好處。就算我們有理，就算我們立意良善，有時道歉才是正確做法。用正確方法道歉有強大效果，我們可以靠著道歉修補關係，再度化敵為友。

　　要克服道歉的心理障礙，重返合作的正軌，我們得不怕道歉，而且必須了解身邊其他人的觀點。換句話說，我們必須擁有「觀點取替」的能力。下一章會再進一步探討這個挑戰。

CHAPTER 9
將欲取之，必先「了解」之

　　人類不同於地球上其他所有物種，但究竟為什麼我們如此獨特？要回答這個問題，我們需要一面鏡子和三座山。

　　各位看著鏡子時看到什麼？答案很明顯，我們看著鏡子時，看到了自己。這個概念顯而易見，然而，能在鏡子中辨識出自己，是人類與多數物種不一樣的地方。我們看著鏡子時，知道自己正看著自己，而不是另一個人；然而如果把土狼放在鏡子前，土狼不會認出鏡子反射出的影像就是自己，而會覺得那是另一隻土狼，牠會露出尖牙，宣告這裡是自己的地盤——這下子，牠看到鏡子裡「另一隻」土狼居然也露出尖牙。牠開始感受到威脅，進一步挑釁，接著立刻看到「對方」也挑釁回來。敵意可能升高到鏡外的土狼開始攻擊鏡內的土狼。不要在家中做這個實驗，你會失去鏡子，還會得到一隻非常困惑的土狼。

　　能夠通過鏡子測驗，代表著演化的里程碑：有能力辨識出自
己，以及有能力區分自己與他人。值得注意的是，人類並非天生
就能辨認自己，這種能力需要培養。如果家有幼童，可以用簡單
的測驗測試他們的自覺程度：用擦得掉的馬克筆偷偷在他們額頭
上做記號，然後把他們放在鏡子前。非常年幼的孩子會嘰哩咕嚕
不曉得說些什麼，拍打鏡子，然後搖搖晃晃走開。然而，如果是
十八個月大的孩子，他們會有不同反應，想辦法擦掉自己額頭上
的記號！到了兩歲，幾乎所有的孩童都已經抵達發展里程碑，能
夠辨認鏡中的影像是自己，不會誤以為是別人。

　　不過，光是通過鏡子測試，還不足以區分人類與其他動物，
例如海豚也有辦法在測驗中認出鏡中的自己，因此我們還需要另
一種測驗才能了解人類的獨特之處：一個和三座山有關的測驗。

　　「三山實驗」把孩子放在三座山的模型一側，三座山由左到
右越來越大，然後把一個玩偶放在另一側。首先，你請孩子畫下
從他們的觀點看到的山，接下來，請孩子從玩偶的觀點畫出山的
樣子。

　　大部分的四歲孩子都會畫錯玩偶觀點，只會依據自己的觀點
畫，三座山由左到右越來越大。要到五歲左右，孩子才會發現從

玩偶的觀點來看，三座山應該要反過來，越來越小。孩子最終會明白自己畫出來的山，必須是玩偶看到的景象。

　　從別人的觀點看世界是非凡的能力，這種能力可以協助我們從別人身上學到東西、想出新點子與解決爭端。那是一種讓眾人團結一心的社會黏著劑。然而，有時觀點取替反而煽風點火，讓衝突火上加油。我們必須找出觀點取替何時有好處、何時有壞處。如果有好處，就得想辦法運用這個人類的特殊能力。

　　接下來要介紹觀點取替可以如何在各種情境下幫上忙，包括升遷、成功開業，以及避免被稱為種族主義者。此外，下文還會協助各位善加利用觀點取替，成為別人更理想的朋友與更強大的對手。

知道別人在想什麼，你可以得到更好的結果

　　請想像你是身處以下這個真實危險情境的銀行行員：一個男人走進銀行，身上看不出有武器，但他說自己背包裡有炸彈，要你拿出 2,000 美元，你會怎麼做？

　　大部分的人會回答：「錢給他就對了！」給錢是合作策略，

理論上也比較安全。有的人給的答案則是：「按警鈴，接著將對方撲倒在地！」這種做法屬於風險大的競爭手法。

　　表面上看來，選擇只有兩個。然而 2010 年時，一名銀行經理碰上這種情境時採取第三種做法，她問搶匪：「你為什麼需要 2,000 美元？」炸彈客馬克・史密斯（Mark Smith）解釋，他需要錢幫朋友付房租。銀行經理聽完後，建議他申請貸款幫助朋友。經理一邊偷偷通知警方，一邊幫搶匪準備申請貸款的文件。警督達倫・湯普森（Lt. Darren Thompson）表示：「銀行經理留住那個人，用文件使對方分心，直到我們趕過去。」

　　銀行經理靠著問「為什麼」，了解搶匪馬克的觀點，接著想出有創意的解決辦法。

　　光靠問「為什麼？」尋求他人觀點，就連最暴力的情境都可能化解。我們與歐洲工商管理學院威爾・馬杜思（Will Maddux）所做的研究也得出相同結論。我們在實驗中模擬購買餐廳的談判，其中部分買家在談判之前，先花時間思考賣方的角度。我們請這組人試著了解對方在想什麼：他們為什麼想賣掉餐廳？目的是什麼？

　　研究結果發現，被要求思考賣方觀點的受試者，比較可能想出具有創意的交易。光是鼓勵談判者想一想另一方的利益，就能讓他們問更多關鍵的「why」與「what」問題，接著想出同時符合雙方需求的新鮮方案。

要在談判中勝出，首先要了解對方的立場。值得注意的是，「同理心」的談判效果低於觀點取替。為什麼？因為以同理心感受對方情緒，會過於倒向包容與默許。同理心太強時，就算可能被利用，我們也會大方讓步與合作。

致勝之道是除了了解別人的需求，也得照顧到自己的利益。我們的研究發現，觀點取替能讓餅變大，還能讓當事人替自己取得額外資源。也就是說，懂得觀點取替的人將分到更多的餅，而且不需要犧牲對手！採取同理心則通常讓自己吃虧。

老羅斯福（Theodore Roosevelt）選總統時的插曲，可以說明觀點取替的力量。1912 年時，眼看投票日就要到了，競選活動進入尾聲，羅斯福決定做最後催票，搭火車全國宣傳。羅斯福的團隊預計每停一站都要發放小冊子，上頭要放一張羅斯福看起來剛毅又掌握全局的照片。團隊找到完美的照片，印了近三百萬份小冊子，然而即將啟程時，工作人員發現小冊子上的照片版權屬於「芝加哥摩菲特攝影工作室」。競選團隊並未取得授權，每本小冊子的授權費可能要 1 美元，總金額等同 2015 年的 7,300 萬美元以上。如果是你，你會如何解決這件事？

　　競選團隊有兩個明顯的選項，一是付錢，一是銷毀小冊子。然而羅斯福的團隊兩個都沒選，競選總幹事考慮了摩菲特攝影工作室的觀點，想到兩件關鍵的事：第一、摩菲特不知道羅斯福的競選團隊已經印製小冊子；第二、他知道摩菲特會獲得很大的宣傳。

　　找出這兩件事後，競選團隊發電報給摩菲特，上頭簡單寫著：「我們預計發放數百萬份封面有羅斯福照片的小冊子。照片被選上的工作室將可獲得廣大宣傳，你們願意付多少錢？」摩菲特回應：「我們以前沒碰過這種情形，不過我們願意出 250 美元。」

　　成交！觀點取替讓驚人債務變成小賺一筆。

　　做到觀點取替的方法之一，是主動想像別人會怎麼想，不過有時觀點取替則來自談判桌另一方小小的肢體動作。

模仿的藝術

　　各位大概看過有夫妻臉的人。夫妻臉聽起來像是無稽之談，然而研究顯示，伴侶的相似度的確超過隨機選取的兩個人，原因可能是人們在選擇配偶時，原本就會選擇外表與自己相似的人。狗常常看起來像主人就是這個原因。人們常常在不自覺的情況下，選擇外貌特徵與自己相似的小狗，例如研究發現，長髮蓋住耳朵的女性，偏好可卡或米格魯等有著長耳朵的垂耳狗。耳朵露出來的女性，則偏好西伯利亞哈士奇或貝生吉等耳朵明顯翹起來的狗。

　　不過，人類伴侶的確會隨著時間逐漸變得相像。史丹佛大學的羅伯特・札榮克（Robert Zajonc）取夫妻剛結婚的照片，以及結婚二十五年後的照片，由客觀的第三方觀察員比較兩組照片，觀察員判定夫妻結婚二十五年後比剛結婚時相像。

　　為什麼會這樣？

　　夫妻會越長越像，原因是面部與肢體模仿。多年來下意識模仿配偶的表情，造成面部肌肉運動方式改變，進而永久改變容貌。

　　然而，為什麼丈夫與妻子會模仿彼此的面部表情？因為模仿有利於觀點取替：模仿可以讓我們真正體會到另一人的感受。也因此，會模仿對方面部表情的夫婦感情更堅固。這就是為什麼外表隨著時間越來越相像的夫婦，婚姻幸福感較高。

　　模仿也能解釋為什麼肉毒桿菌能讓我們變好看，卻更孤獨。我們了解他人感受的方法之一，就是下意識模仿對方的表情。南加州大學的大衛‧尼爾（David Neal）設計了聰明的實驗證明這件事。部分受試者施打肉毒桿菌，其他人則注射瑞然美。兩組人都消除皺紋，不過有一個重要差異：肉毒桿菌會癱瘓表情肌，瑞然美則只是皮膚填充物，不影響肌肉功能。肉毒桿菌會減少面部模仿，因而減弱精確察覺他人情緒的能力。

　　模仿可以帶來更有效的觀點取替，而觀點取替也能增加模仿。杜克大學的譚雅‧查特蘭（Tanya Chartrand）發現，高明的觀點取替者特別擅長模仿他人。查特蘭評估觀點取替能力的方式，是問受試者一般而言多常從他人的角度出發，接著兩人一組進行實驗任務。查特蘭發現，高觀點取替者比較會模仿同伴的姿勢，出現相同動作。因此如果組員用手抹臉，或是用腳敲地板，高觀點取替者也會出現相同行為。

　　人喜歡被模仿……不過，模仿還是要有技巧。查特蘭請研究助理與受試者同組實驗任務時，模仿對方的行為舉止，舉例來說，如果受試者翹腳，助理也跟著翹腳。不知不覺中被模仿的受試者，會比較喜歡那位研究助理，而且覺得雙方比較合得來。密西根大學的傑佛瑞・桑雀滋—伯克斯（Jeffrey Sanchez-Burks）發現，人們在工作面試時被模仿，會變得比較不焦慮，表現也更好。

　　由於模仿者讓人感受到合作意願，信任感與合作程度也跟著提高，模仿者因而取得更多資源。以談判為例，我們與歐洲工商管理學院馬杜思所做的研究發現，談判者模仿對方的肢體動作，可以談成更有利的條件。

　　要怎麼樣模仿？我們請學生在談判實驗中做以下的事：

　　　請模仿談判夥伴的一舉一動，例如對方摸臉，你就摸臉。如果對方往後靠在椅子上，或是往前靠，你也跟著做。但模仿時一定要小心，不能讓對方察覺你在做什麼。此外，不要把太多心力放在模仿，把注意力放在談判結果。

　　此外，不只是肢體模仿會帶來效果，模仿他人說話也有好處，尤其是女服務生。研究顯示，依照指示模仿顧客用語的女服務生，拿到多一倍的小費！

在另一個實驗，歐洲工商管理學院史瓦伯讓談判者在電子郵件談判中模仿對手：

> 如果對方在信中使用表情符號，例如 :-)，你也跟著用。如果對方使用某些術語、隱喻、文法、特別的字詞或縮寫，例如 y'know（you know，你知道的），你也跟著用。

模仿可以讓人在談判中取得更有利的協議。就連在總統選舉辯論台上，模仿也有好處。我們與密西根大學的丹尼爾・羅曼羅（Daniel Romero）分析 1976 年至 2012 年間美國總統候選人辯論的逐字稿，發現模仿對手語言風格的總統候選人，民調會升高。模仿讓他們看起來能言善辯，善於溝通。

了解觀點取替與信任之間的關係，就能了解為什麼模仿能同時促進合作與競爭。模仿幫助我們理解另一個人的觀點，建立信任感，還讓互動更流暢。模仿能帶來競爭優勢，也讓我們顯得更具合作精神。

觀點取替不只讓我們更善於模仿，還能讓我們成為更成功的創業者。

想也不想就跳下去

我該創業嗎？是時候自己開餐廳或夢想中的軟體公司了嗎？

我們做這類改變人生的決定時，不能隨隨便便下決定，得想一想有誰會和我們競爭。其中一件事是，我們得評估自己的能力，大部分的人這點做得很好，我們會問自己：「我有什麼能力？我的長處是什麼？我的弱點是什麼？」

舉例來說，開餐廳的人可能把注意力放在自己的烹飪才華，以及自己的拿手菜。「每個人都愛吃我煮的雞肉奶醬義大利麵！」然而，我們只關注自己時，很容易從「我很會做雞肉奶醬義大利麵」，直接跳到「我會做人們願意付錢的雞肉奶醬義大利麵」，又跳到「我一定能開餐廳」。

我們的才華其實只是等式的一小部分，剛起步的創業者，經常忽略等式的另一頭。柏克萊加州大學的唐‧摩爾（Don Moore）分析創業者開業的理由，發現大部分的人只關注等式中與自己相關的部分，或是與自己的事業有關的事，例如個人能力與高品質的產品，很少提到外部因素，例如供給（自己的競爭者）與需求（市場上的客源）。

換句話說，這些創業者未能考量顧客與競爭者的觀點。缺乏觀點取替可以解釋許多公司關門大吉的原因，分析研究發現，八成的創業者撐不過十八個月！

當我們從顧客的角度看事情後，才會開始問對問題：一般而言，有多少人喜歡雞肉奶醬義大利麵，而且願意掏錢買？此外，為什麼顧客要買我做的雞肉奶醬義大利麵，不跟別人買？

缺乏觀點取替的問題十分常見，甚至有一個專有名詞，叫「競爭忽略」。

「競爭忽略」的概念有多重要？嗯，如果你夠了解這個概念，甚至可以成為奧運選手，例如本名邁克・愛德華茲（Michael Edwards）的「飛鷹艾迪」就是這樣。一般人想到奧運選手時，通常想到身材健美、從小接受嚴格訓練的運動員，然而艾迪不是那樣的人。他戴著厚厚的眼鏡，身材有點圓圓胖胖，而且沒接受過多少體育訓練。然而，1988 年時，艾迪引發全球關注，成為奧運史上第一個在閉幕式上特別被提到的運動員。奧運主席表示：

這次的奧運賽事，有的選手贏得金牌，有的選手打破紀錄，有一個人甚至像老鷹一樣飛翔。

　　主席說到這句話時，成千上萬的觀眾開始呼喚艾迪、艾迪、艾迪、艾迪。

　　艾迪是如何在 1988 年冬季奧運取得一席之地，引發全球關注？

　　艾迪考量到「相對」需求，進入競爭不多的市場。艾迪知道，如果要進游泳隊、體操隊、花式溜冰隊，競爭十分激烈，所以他跳過那些運動，想辦法參加英國跳台滑雪隊。

　　1988 年之前，英國從來沒有奧運跳台滑雪隊，整個國家甚至沒有相關設備。艾迪申請進跳台滑雪隊時，一個對手也沒有！

　　各位可能猜到，艾迪並沒有贏得金牌、銀牌或銅牌，但由於他懂相對需求，他成為奧運選手，在全球最大的舞台上競爭。

　　讓我們來想一想，賣家可以如何靠著相對需求獲利。每個拍賣賣家都得面對一個問題：拍賣截止時間應該設在什麼時候？有的人覺得應該設在需求高峰。數據顯示，eBay 的高峰是太平洋標準時間晚上 5 點到 9 點，因此多數賣家的拍賣結束時間設在這個「歡樂時光」，此時絕對需求最高。

　　然而，這類賣家犯了一個錯誤。華頓商學院的西蒙遜發現，需求最高時，利潤較低。為什麼？問題出在每一個賣家都擠在這個時段，競爭激烈。

不要在絕對需求最高的時候結束拍賣，而要選「相對」需求最高的時刻。那是什麼時候？以 eBay 來說，那是凌晨 2 點。雖然凌晨 2 點上線的買家少於晚上 8 點，但是在凌晨 2 點結束的拍賣少非常、非常多，因此，在凌晨 2 點結束的拍賣得到的關注，遠勝過晚上 8 點。

了解相對需求與問對問題，找出競爭者的觀點，能夠幫助我們決定要參與哪些競賽。下一節我們要討論如何靠問對問題做到更多事，包括解決紛爭、在企業往上爬，甚至擺脫債務。

如何靠尋求建議擺脫債務

手術從來不是什麼好玩的事，但想像一下，你做完手術醒來幾天後，除了人不舒服，突然有 1 萬 8,000 美元的帳單掉到頭上。

我們的同事教過的學生就碰過這種事。凱倫動手術的前一天，醫生打電話問她，要不要在別的手術中心動手術。凱倫決定合作：「好啊，我沒意見，如果你覺得這樣比較好的話。」然而手術結束幾天後，止痛藥的藥效開始消退時，凱倫接到一張 1 萬

8,000 美元的帳單。雖然保險給付醫生的部分，但手術中心的費用凱倫得自己付！

如果各位收到這種帳單，你會怎麼做？

許多人收到那張莫名其妙的巨額帳單，會採取競爭手法，暴跳如雷，不過凱倫採取不一樣的策略：她沒有怪罪外科，而是打電話過去，表明自己想找護士講話。她沒有大吼大叫，也沒有爭論，只是請護士給她建議。

接著神奇的事發生了，那位接電話的護士，不只協助凱倫處理外科中心的繁瑣手續，還幫她爭取到全額免費！最後凱倫一毛錢都不用付。請護士提供建議，不但讓潛在的敵人變成朋友，還讓他們成為強而有力的支持者。

請別人給建議不但能化敵為友，還能讓原本的支持者更加支持我們，協助我們在企業步步高升。

事業要更上一層樓的話，我們得宣傳自己的成就與才能，不過有個問題：自己推薦自己的效果不一定好，一般人不是太喜歡自我推銷的人，也因此我們面對一個難題：我們得宣揚自己的成就，但我們自我推銷的時候，別人不會喜歡我們。

怎麼辦？如何解決這個問題？

　　讓我們來看彼得的例子（本例的背景資訊經過變動，以保護當事人隱私）。彼得是希望升為法律事務所合夥人的年輕律師，某重要法律社團看到彼得最近在法律期刊上發表的文章，邀請他去演講。不用說，彼得受寵若驚，然而他知道要有精彩表現的話，還得尋求額外協助。

　　因此，彼得去找資深合夥人珍妮佛，珍妮佛先前也在同一個法律社團發表過演講。彼得做的事很簡單，他請珍妮佛提供建議：「最近有人找我去法律學會演講，希望您能給我建議，告訴我如何設定主題才能符合聽眾需求。我知道您先前在這個學會演講過，一定知道怎麼做最好。」

　　彼得只是簡簡單單請地位高的同事提供建議，就得到幾個好處。首先，資深同事因為這個請求感到榮幸，而且對彼得謙虛的態度印象深刻。珍妮佛覺得彼得重視自己的看法與專業，因此更加喜歡彼得。第二，由於彼得向珍妮佛請教，她向其他合夥人提到彼得獲得非常榮譽的邀請，接下來一週，其他合夥人紛紛到彼得的辦公室告訴他「幹得好」與「恭喜」。大家都興奮自家的明日之星被如此崇高的學會選中。第三，珍妮佛非常樂意與彼得密切合作，協助他準備精彩的演講。

　　尋求建議與請他人提供觀點可以帶來長遠的好處，因為對方會開始覺得你的事與自己有關。珍妮佛提供建議是在投資彼得，也因此未來會繼續想辦法讓彼得成功。大量研究顯示，請別人幫小忙，以後對方會更願意幫大忙。現在請別人提供一些建議，對方會覺得你的成功是他們的事，他們以後更可能提供更多建議、更多協助。

此外，請他人提供建議，也是讓其他人採取你的觀點特別有效的方法。我們與楊百翰大學凱蒂・李簡奎斯特（Katie Liljenquist）所做的研究顯示，我們請他人給建議時，他們會站在我們的角度出發，從我們的立場看世界，就和珍妮佛一樣，他們會因此更願意協助我們。

請別人提供建議有長遠的好處，然而，人們通常不願意請教他人。我們在哈佛大學布魯克斯教授主持的計畫發現，人們擔心，要是向別人求教，自己會看起來能力不足。這其實是未能做到觀點取替才會有的擔憂：我們尋求協助時，只要答案不是明擺在眼前，我們其實會顯得更有能力，因為我們剛剛靠著尋求他人的建議，讓對方心花怒放。

我們常被問到一個問題：要是請別人給建議，結果沒照著做，該怎麼辦？對方不會不高興嗎？

　　其實只要說明得宜，對方就不會不高興。各位只需要解釋，雖然沒有採取他們的建議，但他們的見解讓我們從不同角度看事情。我們能成功，都是因為有他們的獨特觀點。

　　這裡順道提醒各位一句，**每一個給過我們建議的人，都要讓對方知道他們幫上很大的忙。**

　　尋求建議是一種表達重視的方法，這個策略「對上」或「對下」都可以。請教在上位者顯然是好事，可以表達出敬意。不過請教位階在我們之下的人，例如主管問下屬意見，也有強大的力量。下位者會開心我們重視他們的看法，覺得自己的專業能力受到認可。此外，前文討論階級制度時也提過，公司不同階層的人，可以提供看問題或看事情的新鮮觀點。

　　請低權力者幫忙，可以有效賦權，讓對方感受到自己被重視。要了解這點有多重要，我們先來看，如果位高權重者不考慮底下人的觀點時，將發生什麼事。

安撫緊張神經

2014 年 2 月 17 日，一架自丹佛飛往蒙大拿的飛機，突然無預警地在十二秒內下降近三百公尺，等同從紐約克萊斯勒大樓跳下。一名女乘客從座位上飛起來，頭撞到上方天花板；一名母親懷中的嬰兒往後飛了兩排，幸好沒受傷；一名空服員跌倒後不省人事，到飛機降落時都還沒醒來。

儘管飛機遭遇嚴重亂流，自由落體，駕駛艙內卻沒有任何機師向乘客解釋任何事，一個字也沒說……一片沉默。一名乘客描述當時寂靜的景象有多可怕，以及為什麼他急著聽到負責人與他們溝通，任何話都好：

> 我不曉得駕駛艙發生什麼事，亂流越來越嚴重，降落越來越搖晃，我心生恐慌，腦筋一下子空白。我無助地想著可能發生什麼事，會不會是機長在亂流中受傷，比較沒經驗的助手正在負責降落。會不會是機翼或引擎在劇烈搖晃中失靈……我急著找出究竟怎麼了……重點是，駕駛艙沒有任何廣播。我很不安，胡亂尋找可能的答案，心中充滿疑懼，原本機師可以說點什麼讓我們安心的。

　　領導者不溝通時就像這樣——我們恐懼感升高，腦中充滿各種糟糕的想像。

　　領導者和掌權者在溝通時會犯三種錯誤，每一種都能輕易透過觀點取替改正。第一種錯誤是**溝通不足**。如同前述這個例子，要是機師想到驚慌失措的乘客觀點，他們就會知道，就算只是簡單說幾句話，都能安撫眾人。

　　第二種錯誤是**高位者沒發現自己所說的話，就算只是無意間說出口的話，都可能讓人焦慮**。他們容易忘記對地位低的人來說，意思不明的話特別令人不安。對下位者而言，表面上很直接的要求，也令人提心弔膽。

　　舉例來說，光是上司要求下屬等一下過去見他，就能讓人心中七上八下。2000 年代初，亞當是西北大學的助理教授——亞當的權力高過研究生，但低於所長。一天早上，他碰到研究生蓋兒時告訴她：「今天下午我得跟妳談談，妳 3 點能過來嗎？」那天下午，蓋兒戰戰兢兢地出現在亞當辦公室，結果亞當跟她講了一件很小的事，小到他現在都不記得到底講了什麼。蓋兒說：「永遠不要再對我做這種事！」「做什麼？」「把我嚇個半死，你說今天下午要見我，害我一整天都在擔心是不是出了什麼事。」

這可能只是蓋兒太神經質，小題大做，然而就在隔天，亞當接到所長的電子郵件，要他等一下過去見她。亞當很擔心，擔心自己是不是做錯什麼……直到見到所長，發現她只是要跟他講一件小事。

這種問題其實很容易解決，方法就是說出自己想做什麼，讓下位者不必窮緊張。如果要和位階比自己低的人講話，解釋你想和他們談什麼，他們就不必擔心個沒完。如果一下子很難解釋清楚，至少可以直接告訴他們：「等一下我要見你，不過別擔心，不是壞事。」

領導者會犯的第三個錯誤，就是**忘記自己說的話會被放大**。掌權者動見觀瞻，有人稱這種現象為「管理者放大效應」，就算是最溫和的舉動也會被放大解釋，變得震天價響，每一個字都是重點訊息。隨口說一聲「謝謝」成了「感激」，有用的建議則變成「批評」。

多花一分鐘想一想自己的話會如何影響下位者，對方的焦慮與恐懼得到安撫，就能進行更有效的溝通。

觀點取替可以幫助我們與他人建立關係，讓其他人想助我們一臂之力。然而，建立關係不是易事，與不同種族或背景的人互動時，更是難上加難，不過此時觀點取替也能幫上忙。

如何避免變成種族主義者

　　沒人想被叫種族主義者，一般人被這麼說會很難過。名人被這麼說，事業更是可能毀於一旦。麻煩的是，有時我們越想表現得不帶偏見，反而顯得欲蓋彌彰。

　　娛樂記者山姆・魯賓（Sam Rubin）有過出糗的經驗，他訪問演員山繆・傑克森（Samuel L. Jackson）的新戲《機器戰警》（RoboCop）時，一開始先問了超級盃廣告的事。

　　記者魯賓：你這次替漫威拍超級盃廣告，反應很熱烈嗎？

　　山繆・傑克森：什麼超級盃廣告？

　　記者魯賓：噢，我的錯。我，你知道⋯⋯

　　山繆・傑克森：我不是勞倫斯・費斯本（Laurence Fishburne）。

　　記者魯賓：我的錯，我知道，那是我的錯。噢，我的錯⋯⋯

　　山繆・傑克森：我們不是所有人都長得一模一樣。我們或許都是黑人，也是名人，但不是每個人都長得一模一樣。

　　尷尬的是，山繆・傑克森那年的確也出現在超級盃廣告——

為了電影《美國隊長》（*Captain America*），不過那已經不重要，如同魯賓事後所言：「當下我立刻覺得自己太蠢，沒提電影的事。」傑克森等於是在指控魯賓種族歧視，魯賓一時過於羞愧，心慌到無法解釋。

　　魯賓因為擔心被當成種族主義者，他知道電視上的南方主廚寶拉・狄恩（Paula Deen）被指控為種族主義者的下場。狄恩在法庭上承認自己用過帶有歧視意味的形容詞，丟了好幾個代言，以及在美食頻道的節目。訴訟後來撤銷，但事情已經鬧大，狄恩的事業一落千丈。一年後，狄恩表示：「我覺得以後這輩子人們提到我，永遠會說那個『麻煩大了的狄恩』，或是那個『丟臉的狄恩』。」

　　就連不會出現在全國電視節目的一般人，也努力避免被貼上種族主義的標籤。哈佛大學邁克・諾頓（Michael Norton）的研究發現，人們花很大的工夫避免用種族來形容一個人。諾頓設計了一個名為「政治正確遊戲」的實驗，各位也可以玩玩看：https://hbr.org/2013/07/the-two-minute-game-that-reveals-how-people-perceive-you/。

　　諾頓的遊戲是兒童益智遊戲「猜猜我是誰」的另一種版本。

兩人一組，其中一人挑桌上一張卡片，翻開，看到卡片上的照片。接下來，另一人要在好幾張臉之中，猜出同伴翻到哪一張。可以問問題縮小範圍，但回答問題的人只能用「是」或「不是」回答。卡片上一半是白人，一半是黑人，雖然膚色是很明顯的描述，一問就能有效篩選答案，受試者很少會問是不是白人／黑人。組員如果是黑人，受試者尤其不會問。大約一半的受試者在問問題時，完全不會提到種族相關的事。

　　避免提到種族，不但讓自己在「政治正確遊戲」表現不佳，還會破壞最初的美意。麻省理工史隆管理學院的艾文・艾普費班穆（Evan Apfelbaum）發現，越是努力避開膚色，不提種族，反而更讓人覺得是種族主義者。

　　除了避免提到某些字會讓事情變糟，光是努力趕走腦中的負面想法──簡單、直覺的壓抑策略──就會有反效果。

　　各位可以試試看，不要想著「白熊」。

　　好了，發生什麼事？如果各位和多數人一樣，一被告知「不要」想著白熊，就會開始滿腦子都是白熊。畢竟如果「不要」想著白熊，先得想起白熊，或至少冒出白熊的念頭，還得找出所有與白熊相關的事，才能確認自己有沒有想到白熊，因此會對相關事物變得十分敏感。除此之外，壓抑白熊的念頭還會讓人精疲力竭。

各位可以想像，我們試著不想著種族的時候，也會發生不要想著白熊的現象。我們試圖壓抑所有和種族相關的念頭時，反而滿腦子都是種族，因此壓抑只會造成人們更加專注於刻板印象。

我們的研究顯示，觀點取替可以解決這個問題。我們與理海大學的戈登·莫斯寇維滋（Gordon Moskowitz）做過簡單實驗，先讓大學生看照片，接著請他們幫照片中的人，寫下他們如何度過一天。其中一張照片是男性黑人，有的受試者被要求壓下所有的刻板印象，有的受試者則被要求從照片上的人的觀點出發，假裝自己是那個人，從那個人的眼睛看世界，想一想他如何度過一天，兩組受試者都寫下作文。再接下來，受試者進行暗中被評估種族偏見程度的實驗任務。實驗結果是，觀點取替組的種族偏見程度，少於被要求壓抑種族念頭的組別。

此外，壓抑會讓其他人感到不安，觀點取替則令人安心，就算對方是種族不同的人也能輕鬆相處。我們與愛荷華大學的安德魯·陶德（Andrew Todd）做過一項研究，實驗典範和上述實驗相同，只是這次我們不用電腦測種族偏見，而是請一位黑人女性與受試者進行訪談，詢問他們的校園經驗。黑人面試官認為，相較於壓抑組，自己與觀點取替者的互動比較自在，也比較愉快。實驗的錄影證實原因：觀點取替者較常出現微笑與眼神接觸，身體也較常前傾。觀點取替者坐得比較近，而且還越來越近，壓抑組則越坐越遠。

相關效應不只出現在實驗室，也出現在醫生診間與工作場所。看醫生令人緊張，醫師是白人、病患是黑人時尤其令人焦慮。但如果讓醫生變成更優秀的觀點取替者呢？

我們與喬治華盛頓大學的吉姆・布萊特（Jim Blatt）做過相關研究，請醫學系學生「從病患的角度看事情」。為了讓受試者進入觀點取替者的心理框架，我們請他們回想近日的人際互動，想像當時對方的想法或感受。

實驗結果發現，被簡單提示要觀點取替的臨床醫師與病患互動後，病患滿意度較高。白人與黑人病患都出現同樣的效果。

因此，與其試著假裝種族差異不存在，不如試著了解別人經歷的事。與多元的人們建立連結、降低種族之間互動帶來的焦慮，以及避免思考被刻板印象占據，觀點取替都是理想策略。壓抑只會讓我們看起來像種族主義者；觀點取替則讓我們看起來善解人意。

找到正確平衡：如何鞏固關係，而不是火上加油

婚姻幸福的關鍵是什麼？各位都讀到這了，應該不會意外觀點取替是預測婚姻能否持久的關鍵指標。

不過，各位可能沒想到，觀點取替也會增加離婚的可能性！怎麼同一件事會帶來如此不同的結果？

一般來說，觀點取替是婚姻持久的黏著劑。觀點取替讓我們得以預測另一半的需求，與對方產生連結，有時甚至對方還不知道自己要什麼，我們就已經先看出來。

然而，要是夫妻開始對抗，觀點取替的壞處將大過好處。為什麼？因為我們從敵人的觀點出發時，我們會思考對方將如何傷害我們、他們私底下想怎麼欺騙我們，我們因而變成想保護自己的偏執狂。

夫妻兩人如果陷入嚴重爭吵，甚至在鬧離婚，想著感情不好的另一半的觀點，會讓你開始想像對方的各種陰謀詭計，或是瞞著你偷偷做了什麼。你為了預先防範，先下手為強，做出傷害對方的事。

在離婚等高度競爭的情境，想像對方可能怎麼做，有如在猜忌的火焰上倒油。此時觀點取替會讓「希望別人怎麼待你，就怎

麼待人」的金科玉律，變質成「以為別人會怎麼待你，就怎麼待人」。

　　我們的研究顯示，就算是相識不深的兩個人，觀點取替可以促進溝通，增加合作，減少偏見，進而讓兩人的關係更親密。然而，如果是完全不認識的兩個人，此時他們會和夫妻一樣，當競爭意識高漲時，更多的觀點取替，只會讓競爭越演越烈。資源稀缺時，觀點取替會助長自私行為。我們感到有人對不起我們的時候，會採取更強烈的報復手段。

　　我們和阿道夫伊瓦涅斯大學的傑森・皮爾斯（Jason Pierce）做實驗，請 MBA 學生想像對手是難纏對手或合作夥伴的談判。我們請一半的受試者想一想對方的觀點，另一半沒有給額外指導語。接著，我們問受試者會下多少工夫讓自己在接下來的談判中占優勢。想著難纏對手觀點的受試者，動用不道德的談判策略程度會提高。他們心中燃起熊熊的競爭衝動火焰，想要保護自己，不讓自己成為邪惡競爭者的犧牲者。這組受試者用更大的火焰，對抗預期中的火焰。

　　前文提過，要達成有效、有利的談判結果，觀點取替比同理心有效。然而，絲毫沒有同理心的觀點取替很危險。以霸凌為例，霸凌者很懂別人的弱點，進而抓住那一點欺負對方。

　　觀點取替的負面效用，讓我們是否該與對手面對面，這個原本就棘手的問題更難回答。一般認為，見面三分情，見面可以帶來和諧與信任感。先前談信任的章節也提過，見面可以是增進感情的黏著劑；然而在過度競爭的情境，面對面會使原本的衝突，升高成全面的敵意。

　　卡特總統在 1978 年碰過這種情形。當時他為了讓埃及與以色列達成和平協議，同時邀請埃及總統艾爾・沙達特（Anwar El Sadat）與以色列總理梅納赫姆・比京（Menachem Begin）造訪大衛營。經過數天面對面談判後，卡特總統面臨越來越嚴重的猜忌局面，夾在兩個一觸即發的仇人之間，理想中的和平協議眼看就要破局。卡特總統告訴妻子：「場面很難堪，他們惡言相向。」

　　接下來，卡特總統做了一個出乎意料的決定：他暫時讓兩方不再面對面接觸，改成自己單獨與兩位元首見面，從中穿針引線，傳達雙方你來我往的討價還價。敵對的兩方不再直接接觸，「眼不見為淨」讓雙方的競爭衝動冷卻下來，最後達成跨時代的和平協議，卡特總統還因此得了諾貝爾和平獎。諷刺的是，雙方之所以能拍下史上著名的握手合照，其實是因為談判期間雙方保持距離。

　　面對面的溝通是合作的潤滑劑，不過有時面對面卻會燃起競爭火焰。怎麼知道何時該見面，何時又該保持距離？

　　為了回答這個問題，我們與歐洲工商管理學院的史瓦伯，一起進行過一百多場談判與團體決策的大規模量化分析。我們發現是否該見面的關鍵，在於雙方是否為極端的敵友。如果人們不確定該競爭，還是該合作，見面可以創造和諧氣氛，讓互動走向合作。近距離的接觸可以潤滑社會互動的齒輪，讓信任萌芽。

　　然而，如果兩個人原本就對彼此懷抱很深的敵意，能夠看見與聽見對方，反而會讓競爭意識火上加油，此時見到對方會降低和解的可能性。

　　我們處於「談判」這個一定得在競爭與合作之間抓到平衡的情境時，得回答許多問題，該不該見面只是其中之一。下一章，我們將討論談判場合何時該選擇競爭，何時又該合作，以求得到最理想的結果。

CHAPTER 10

出手的時機

　　沒人料到艾文・格林（Alvin Greene）會勝出，畢竟黑人從來不曾通過南卡羅來納州參議員初選，不論民主黨或共和黨都一樣。然而 2010 年時，格林締造歷史，不但在民主黨初選擊敗對手，差距還是令人吃驚的十八個百分點。

　　更令人訝異的是，格林基本上算是幽靈候選人，甚至沒有競選活動的跡象。他沒登廣告，沒有工作人員，沒有經費，甚至據說他參選的時候，還和父親住一起，而且沒手機、沒電腦。

　　然而，相較於選舉經驗豐富的對手維克・勞爾（Vic Rawl），格林有一個很大的政治優勢：姓氏的第一個字母。候選人在選票上的順序，依據姓氏字母 A 到 Z 排列，雖然不可思議，但真的可能差在這裡。後文將介紹研究顯示，會不會當選，可能單純看選票上是第幾號候選人。

　　事實上，研究顯示第一個上場或後來才上場這種看似不是太重要的事，也會影響我們在各種競賽的成績。本章將探討出手競爭的時機與方法，解釋什麼時候和格林一樣，當第一個比較好。不過，如果是花式溜冰，或是工作面試的時候，有時當壓軸比較好。此外，本章還會探討一個相關的棘手問題：談判時，究竟該不該第一個出價，以及方法是什麼。

　　接下來我們將協助各位了解不同類型的競賽，還會提供有效遊走於所有競爭情境的具體方法。

政治投票與假釋審理：當一號比較好

　　我們來看一下，為什麼格林在選票上的順序深深影響了他的政治前途。史丹佛大學的強・柯羅斯尼克（Jon Krosnick）為了探討名字字母順序對選舉結果造成的影響，分析俄亥俄州自然發生的田野實驗。為什麼選俄亥俄州？因為在別名「七葉樹之州」的俄亥俄州，選票上的候選人順序是隨機輪流，每個選區不一樣。有了俄亥俄州的數據，就能比對候選人得到的票數，有多少是受到選票上的排列順序影響。柯羅斯尼克發現，選票上的一號候選人永遠有優勢。

各位可能猜到，如果是格林這種大家不認識的候選人，選票順序影響最大──民眾沒有其他資訊可以參考時，更可能依據選票上的順序做決定。然而，如果是總統選舉，那種選舉人花數百萬美元發送傳單、刊登廣告、出現在公眾場合，還小心翼翼擬定政見的選舉，選民對候選人的熟悉度，不是該勝過選票順序效應？

不完全是那樣。看 2000 年的美國總統大選就知道。柯羅斯尼克針對候選人順序會輪流的三州（加州、北達科他州、俄亥俄州），研究選票順序效應，發現一號永遠有優勢。雖然布希與艾爾‧高爾（Al Gore）兩位候選人加起來就囊括 96％以上的票數，但選票上其實一共有七位候選人。布希在加州被列為第一時，比被列為最後一個時，選票多了 9.4％。在北達科他州與俄亥俄州，「名列前茅」比「殿後」多 1％的票。看起來不多，然而多那 1％，就相差了數千張票。

各位可能還記得，美國 2000 年那場總統大選，佛羅里達只差幾百票，布希拿到 2,912,790 票，高爾拿到 2,912,253 票。換句話說，布希贏高爾五百三十七票，差距不到萬分之一。

　　佛羅里達的選票順序是什麼？布希在每一張票上都被排在最前面。各位可能好奇佛羅里達如何決定候選人的選票順序——該州由州長決定，而當時的州長是傑布・布希（Jeb Bush），也就是布希的弟弟。照柯羅斯尼克的研究來看，要是佛羅里達的順序也是輪流，選舉結果大概會很不一樣。

　　投票行為真的那麼隨性嗎？究竟為什麼選票順序會有影響？我們的決定通常反映出個人偏好，但是當我們觀望不決時，會尋找捷徑或訊號，只要可以幫助我們做決定，隨便什麼都好。此時我們會對任何顯示某候選人勝過其他人的跡象敏感。我們用選票順序來決定，是因為我們把名單上的第一人解讀成間接的推薦（我們通常是下意識做這件事）。

　　這種思考流程並不像表面上聽起來那麼瘋狂，許多時候，名單上第一個名字會得到更多關注，例如我們看電影海報時，名列第一的演員通常是主角。

　　在政治的世界，當一號候選人比較好。不過，除了總統選舉，順序被排在前面的犯人也比較占優勢。

　　台拉維夫大學的沙依・丹奇格（Shai Danziger）追蹤八名以色列法官十個月，觀察他們審理一千多件假釋申請案。犯人的假釋案隨機分配到一天之中的審理時段。丹奇格研究「審理時段」與「假釋可能性」之間的關連，發現最先被審理的申請案獲得假釋的機率，高過一天的尾聲。第一批被審理的囚犯獲得假釋的機率是 65％；然而，如果很不幸被安排在一天的尾聲，獲得假釋的機率驟降至幾乎是零！

值得注意的是，獲得假釋的機率會在早上越來越低，直到午餐過後，法官填飽肚子後，假釋機率再次爬升。這個模式該如何解釋？

法官的本能預設反應是駁回假釋請求。這種反應合乎邏輯：決定是否該把具有潛在危險性的罪犯放回街上，要是有疑慮，還是說「No」吧。一天剛開始或午餐過後，法官經過休息，精力充沛，有辦法做耗費腦力的工作，專心思考案件。然而，當法官開始疲累、血糖降低時，他們缺乏仔細思考的力氣，比較可能回到預設選項：不准假釋。又累又餓的法官不會寬大為懷。

不論是選票或假釋審理，當第一個比較好。不過，有時在競爭的情境下，當壓軸比較好。

從教授到《美國偶像》參賽者：當壓軸比較好的時刻

　　歌手與溜冰選手知道壓軸的好處，學者也一樣。

　　1997 年時，亞當以普林斯頓大學五年級研究生的身分，在就業市場上找工作。那年 12 月，亞當接到令人興奮不已的消息：芝加哥大學商學院邀他去面試。芝加哥大學的遴選委員會主席問亞當，願不願意第一個面試，學校將在四週期間面試六個人。亞當問自己在普林斯頓大學的教授，該不該當第一個，還是該請對方安排後面一點的日期，所有的教授都告訴亞當：當第一個上場的人很好，第一代表著優秀。於是亞當同意芝加哥大學第一個面試，然而，他最後沒得到那份工作。

　　被拒絕的痛苦逐漸消退後，亞當開始仔細研究自己學生時期在普林斯頓大學觀察過的所有工作面試。五年期間，每一次都是最後上場的人得到工作！

　　壓軸效應不只出現在普林斯頓大學，也不只出現在學界，無數的研究顯示，如果是每一位參賽者輪流表演的競賽，壓軸比較好。舉例來說，里茲大學的溫蒂・布魯・德布魯茵（Wändi Bruine de Bruin）分析歐洲歌唱大賽近五十年的數據（1957 年至 2003 年），發現後上場的參賽者分數較高。

　　《美國偶像》也出現相同情形。西敏大學的利昂內爾‧佩吉（Lionel Page）設計出精彩的分析法，取熱門電視節目數據計算壓軸的好處。《美國偶像》的參賽者每集表演一首歌，每週節目的尾聲，大家投票淘汰一人，留到最後的就是冠軍。壓軸帶來什麼效應？前一百一十一集的《美國偶像》節目中，壓軸者進入下一輪的機率高達 91％。

　　各位可能以為，只有娛樂性質的電視節目會出現壓軸效應，如果是評分嚴格的專業競賽，應該就不會有壓軸現象。德布魯茵為了回答這個問題，分析 1994 年至 2000 年間的歐洲與世界花式溜冰錦標賽的數據，也發現相同效應：晚一點上場比較好。隨機被分配到較晚出場的選手，第一輪分數較高，在第二輪也更具優勢，因為第一輪分數高的溜冰選手，第二輪也會晚上場。

　　2010 年的冬季奧運很能看出壓軸效應，那一年的男子花式溜冰競賽有兩位很強的參賽者，一位是葉甫根尼‧普魯申科（Evgeni Plushenko），一位是埃文‧萊薩塞克（Evan Lysacek）。不過，大家一致看好普魯申科鐵定會贏。賭博市場上，賭落於下風的萊薩塞克贏的彩金高普魯申科十八倍。每個人都覺得普魯申科會贏。然而兩個比賽項目中，萊薩塞克比普魯申科晚十三名選手上場，最後以 257.67 分，打敗普魯申科的 256.36 分，只差 1 分多（第三名比萊薩塞克少 10 多分）。當然，溜冰選手的得分受許多因素影響，不過順序效應會影響天平倒向哪一方。

為什麼會這樣？首先，如果評審是在比賽尾聲替每一個人評分，先出場的選手評審已經記不太清楚。電影製作人了解這種現象，因此想拿奧斯卡獎的人會讓電影在年尾上映。實際榮獲最佳影片的電影，的確絕大多數都在10月至12月間上映。

不過值得注意的是，不論是所有參賽者都表演完後才評分（例如《美國偶像》），或是每一位參賽者一表演完評審就給分（例如花式溜冰），都會出現壓軸效應。

花式溜冰是每位選手一表演完就知道分數，我們要如何解釋花式溜冰的壓軸效應？幾種因素影響著這種「晚上場比較好」的模式。首先，評審喜歡替自己保留空間獎勵晚上場的參賽者。換句話說，評審可能想給先出場的選手滿分 10 分，但擔心後面又有人超越他們，因此在頭幾輪的時候吝於給高分，想把高分留給後面的參賽者。第二，評審在比賽剛開始時標準非常高，心中有著選手可以多完美的理想想像，替先上場的選手設下極高的基準

線。第三，較晚上場可能有助選手本人。晚上場的選手看到前面
選手的精彩表現後，被激起鬥志，或是願意冒險放手一搏。

只要是多名選手依照順序競爭——我們稱之為「系列競賽」
——晚上場比較好。不論採取何種評分方式，各種比賽都有這種
現象。分出高下的方式，可能是排出參賽者名次（決定冠軍、亞
軍、季軍等等，例如伊麗莎白女王古典音樂大賽）、選出一位參
賽者（例如《美國偶像》的投票），或是分別替每一位選手評分
（從一個範圍內取一個數字，例如世界游泳錦標賽、中學體操運
動會等等）。不論是哪一種制度，後上場的選手比較占優勢。

找到正確平衡：
何時該搶先，何時該壓軸，以及如何讓制度公平

在競爭情境下，我們可以依據哪些原則判定應該搶先上場？
很簡單，看兩件事就知道。

第一是看競賽性質：**如何決定誰勝出**？是從名單上挑人（例
如投票）？參加者一個一個輪流被評估（例如面試流程）？還是
回答「YES／NO」的決定（例如是否該讓某個人獲得假釋）？

如果從名單上挑人，人們會假設第一個選項比較好，或是較為可靠。選票上排第一的候選人等於間接獲得推薦，因此當一號有優勢。

然而，如果競爭者是每個人輪流上場，當壓軸比較好。由於近期效應，最後上場的選手令人記憶最鮮明，再加上評審最初會設下高標準，晚上場可以得到更正面的評估。

如果是二選一，回答「YES／NO」的決定，則要看預設答案。決策者疲勞時，會傾向於預設選項，例如讓申請假釋的犯人繼續待在牢裡。因此，如果預設選項對各位不利，那麼先上場比較好。不過，如果預設選項對你有利，壓軸比較好。

工作面試更為複雜一些。面試一般是系列競賽，當壓軸比較好。然而，有時面試官要面臨答案二選一的決定，例如一次徵很多人的時候，他們得馬上決定「要」或「不要」眼前這個人，此時就要考慮疲勞因素。如果預設選項是「不要錄取」，那麼早早面試勝算較高（或是午餐時間剛過時）。但如果預設選項是「要錄取」，安排晚一點面試（或是快吃午餐的時候），對你比較有利。

第二個關鍵因素是：**一共有多少參賽者。**

柏克萊加州大學卡尼的研究顯示，只有兩個選項時，通常第一個選項會勝出。舉例來說，顧客高度傾向與第一個見到的銷售員合作。評估兩種類似的產品時（卡尼的實驗是選擇Bubble Yum口香糖或Bubblicious口香糖），近三分之二的時候受試者選擇第一個選項。因此，如果只有兩個選項，當第一比較好。

如果選項不只兩個呢？選項多到什麼程度，情況會反過來，當壓軸比較好？布洛克大學的安東尼雅・曼多納基斯（Antonia Mantonakis）讓受試者試喝不同數量的酒，找出這個問題的答案。曼多納基斯的發現符合卡尼的發現，如果只有兩種酒，近七成的人會挑第一種。就算有三種酒，先試喝的酒也有優勢。然而，當試喝數量超過四種，後來試喝的酒有優勢。武術競賽分析發現，如果有五名以上參賽者，後上場的選手也較有優勢。

了解順序效應與原理後，我們可以選擇對自己更有利的方式，在競爭情境下勝出。

快速重點整理：如何取得競爭優勢

- 如果是名字依序排列，例如選票，就當第一個。
- 如果是系列競賽，競爭者有好幾人，就晚點上場，當壓軸最好。

- 如果是「YES／NO」的決定，就要找出預設選項，如果
  預設選項對你不利，那就先上場；如果有利，那就晚點
  上場（或是接近午休的時間）。

前述三點是獲得競爭優勢的關鍵。不過，站在友好的立場，
我們也得思考如何讓評選流程更公平，以促進正當性與合作。

競賽要公平，就得支持隨機、輪流的方式。舉例來說，由於
順序效應，選票最好依據選區，讓每位候選人的名字出現順序更
公平。隨機、輪流的列名方式可以促進民主，消除政治因素的干
擾與不公平。令人意外的是，美國五十州僅十二州（24％）目前
採取輪流制，有的州依據字母順序排列，有的州抽籤，有的州則
和佛羅里達州一樣，讓現任州長決定。

如果是只有一回合、依序上場的競賽，隨機是最好的方法。
隨機無法消除順序效應，後上場的人依舊有優勢，但每一位選手
都有得到壓軸優勢的公平機會。

然而，如果是不只一回合的依序上場競賽，隨機決定第一
輪的上場順序，並且讓第二回合的順序倒過來的話，比賽會更公
平。許多競賽常出現晚上場的加乘效應，因為第二回合競賽的順
序，由第一回合的分數決定。

快速重點整理：如何制定促進合作的公平制度

- 選票順序採取隨機、輪流的方式。
- 如果是只有一回合的系列競賽，隨機決定上場順序。
- 如果是兩回合的系列競賽，隨機決定第一輪的上場順序，第二場則讓順序倒過來。

　　以上所討論的該搶先還是壓軸，都是從影響外部評審或觀眾判斷的因素出發。然而，對於另一方就坐在桌子對面的談判而言，出手順序也特別重要。談判時我們該怎麼做？請看接下來這一節。

是否該第一個出價？

　　1996 年時，麥可・喬丹（Michael Jordan）與芝加哥公牛隊談合約，一開始就要求巨額的 5,200 萬美元薪水，比美國職業運動員史上最高薪水多出一倍以上。雙方你來我往之後，最後以 3,000 萬美元成交。到了 1997 年／ 1998 年那一季，喬丹的薪水是 3,314 萬，比前一年又多 10 ％，依舊是 NBA 史上最高年薪。喬丹靠著第一個出價，成為 NBA 史上身價最高的球員，沒人比得上他。

　　喬丹的例子讓我們一窺談判最棘手的問題：究竟該不該第一個喊價。不確定性讓這個問題很難回答：我出的價會不會太低，把自己賤賣了？我出的價是否高到離譜，對方一氣之下乾脆不談了？

　　為了回答該不該搶先出價的問題，我們找出許多數據。過去十年，我們和全世界許多學者做過大量研究，找出這個問題的答案。許多研究都發現，**絕大多數的談判，先出價比較好！**

　　然而，如果仔細看數據，我們也發現先出價的好處要看兩件事：第一件事是資訊。**如果缺乏資訊，搶先出價反而吃虧**；第二件事則要看丹尼爾・康納曼（Daniel Kahneman）率先提出的「**錨定概念**」。

　　「錨點」是指影響後續評估的數值。之所以稱為錨，是因為決策者的判斷會被拉向這個數值。舉例來說，屋主幫自己的房屋出價時，這個定價會影響後續的出價。想買的人出價時，幾乎不免受到定價影響。如同錨讓船不會跑太遠，錨點會讓後續的判斷靠近這個數字。

　　錨點出於兩點原因會有極大的影響力：第一，人們低估錨點的力量。以二手車為例，假設定價是 3 萬美元，我們知道車子的實際價值低於定價，因而殺價。我們會想，嗯，這輛車不值 3 萬美元，因此從 3 萬往下砍。如果最後以 2 萬 8,500 美元成交，我們會覺得自己很厲害，對吧？因為我們成功殺價。然而事實上，我們從定價的數字開始調整，可能會砍太少錢。就算知道定價 3 萬美元不合理，我們通常不會知道實際價格要再低多少才合理。

　　第二，不論是汽車、工作或公司，我們談判的每一件事都有正負面特質，有的特質帶來高價，有的特質帶來低價。二手車賣家搶先喊價時，買主的注意力會被高錨點引到那輛二手車的正面特質，例如低里程數，或是皮椅內裝。然而，要是買主第一個出價，低錨點會讓注意力擺在代表低品質的負面特質，例如凹痕或儀表板有聲音。由於關注點不同，低錨點或高錨點因而產生更多效應。

　　第一個出價的人會得到有利的談判錨點。我們與科隆大學的穆斯魏勒做過實證研究，發現通常第一個出手比較好。我們做了非常簡單的實驗，在出售藥廠的談判中，隨機分配由哪一方（買家或賣家）先出價。如果雙方無法達成協議，買家就得花 2,500 萬美元自行蓋新工廠，賣家則得拆掉工廠，以 1,700 萬美元個別出售設備。基於這兩種選項，我們預期成交價將介於 1,700 萬至 2,500 萬美元之間，也就是說這場談判大約有 800 萬美元的議價空間。

如果先出價較為有利，賣家先出價的話，最終價格應該高於買家先出價。實驗結果也確實如此，平均而言，賣家先出價的話，成交價是 2,400 萬美元，然而如果買家先出價，最終價格僅 2,000 萬美元。

「先說先贏」並非美國特有的現象，全球各地都有此類效應。我們在法國與泰國所做的研究發現，第一個出價的人拿到更好的條件。

此外，搶先出價也能減少談判時權力差異造成的影響。我們在前述實驗的另一個版本，靠著讓賣家或買家手中的其他選項更具吸引力，讓賣家或買家比另一方更具權力優勢。然而，就算一方占權力優勢，如果另一方先出價，權力優勢會被晚出價帶來的劣勢抵消。換句話說，先出價可以平衡權力差異。

不過，在某些情境下，先出價比較不利。為什麼？書名點出主題的《永遠不要第一個出價》（*Never Make the First Offer*）主張，讓對方第一個出價，就能知道對方的議價能力。靠著等待與聆聽，我們可以免於犯錯並取得有用情報。

何時該等待，讓另一方先出價？答案是看我們缺乏多少資訊。手中沒有兩種資訊會很麻煩：第一，我們可能不知道對方願意接受或付多少錢；第二，如果談判涉及眾多議題，有的議題可能是雙方的共同利益，兩方想要相同的結果，例如雙方都希望盡快成交。如果搶先出價時不知道這兩樣資訊，等於太早亮出底牌，讓對方知道我們的弱點。

先看第一個問題——我們不清楚對手願意接受什麼樣的價格。如果碰上這種情形，最好等對方先出價。

燈泡與留聲機的發明可以說要感謝「後出價」。有一次，湯瑪斯・愛迪生（Thomas Edison）覺得自己的新發明可以改良電報機，跑到西聯公司兜售。西聯問愛迪生要多少錢，愛迪生直覺想要「獅子大開口」，要求 2,000 美元，不過他靈機一動反問西聯：「你們願意出多少錢？」結果西聯出 4 萬美元！這個數字是愛迪生開價的二十倍以上（等同今日的 83 萬 3,333 美元）。愛迪生用這筆天上掉下來的錢，蓋了「發明工廠」實驗室，接著在這個實驗室研發出留聲機與燈泡。

有的人愛看歷史頻道的《當鋪之星》（Pawn Stars），這是民眾到當鋪賣東西的實境節目。細心的觀眾可能注意到，節目中的當鋪老闆通常讓客人先出價。聖文德大學的布萊恩・麥肯納（Bryan McCannon）分析《當鋪之星》的數據，發現對當鋪老闆來說，第二個出價比較占便宜。為什麼？因為上節目的賣家，大多不知道自己的東西值多少錢。由於不知道自己擁有的東西真正的價值，他們的出價低到離譜。

我們與哥倫比亞大學伊麗莎白・威利（Elizabeth Wiley）所做的研究也證實這個結果。我們模擬談判情境，出售一輛二手的 1970 年福特雷鳥。由於車況不是太好，賣家只希望至少拿到 300 美元。然而，買方想要的其實是這部車的零件，對買方來說，這輛車至少值 2,000 美元。賣家先出價時，低估車子的價值。買家先出價時，高估這輛車在賣家心中的價值。

因此，我們不知道談判對手認為標的物值多少錢的時候（例如《當鋪之星》與福特雷鳥實驗的議價），先出價是讓自己處於弱勢。

好了，讓我們來想一想第二個問題。如果談判雙方有共同利益，先出價也不好。為什麼？想像一下，你找了好幾個星期，終於找到理想的房子。你開價，而且提出希望可以盡早交屋的日期。此時，你因為透露出希望盡早成交，替自己製造有機可乘的敵人。就算賣方也想快點把房子賣出去，他們會說：想早點交屋的話，你得再多出一點錢。賣方其實也想快點脫手，但他們會假裝提早交屋對他們不利，要再多 1 萬美元才能「配合」你的需求。

談判如果涉及多個議題，此時要留心共同的利益。厲害的談判者會利用我們所開的條件洩漏出的資訊，要求我們在其他議題上讓步。

我們與薩爾蘭大學大衛・羅切德（David Loschelder）所做的研究，揭曉了這個現象。

我們這次的實驗設定，和前文的出售藥廠談判一樣，但又多加一個討論事項。雙方對這個新的討論事項偏好不一樣時（一方想多一點，一方想少一點），先出價極具優勢：先出價的談判者，得到約六成的利益。然而，如果新議題與共同利益有關，雙方想要相同的結果，第一個開條件比較不利：第一個開條件的談判者，只拿到不到四成的利益。換句話說，談判議題涉及共同利益時，先開條件較為不利。

找到正確平衡：晚一點第一個出價，就能解決兩難

　　以上我們看到，每一位談判者都會面臨第一個出價的兩難。先出價的人會獲得對自己有利的談判錨點；然而，資訊不足時，先出價反而會被「看破手腳」。另一方面，如果讓對方先出價，可能被定錨，但也可能因為得知重要資訊而得利。

　　因此，我們想問：怎麼樣可以靠著先出價，取得錨定優勢，又不會洩漏對方可能拿來利用我們的資訊？

　　此時沒有完美的解決方法，不過我們建議，可以在談判過程中，先和對方聊一聊取得資訊後，晚一點第一個出價。

　　回到二手車談判的例子。買家因為零件值錢，覺得拍賣的車子很有價值，賣方卻覺得那輛車不值多少錢。如果一開始就出價，買方或賣方一定會透露出那輛車在自己心中值多少錢，這會讓先出價的人處於下風。

　　不過，我們可以想像一下，如果不要立刻出價，可以怎麼做。如果不一開口就搶先提出價格，而是問對方幾個問題呢？

　　例如賣方可以問：「你打算怎麼利用這輛車？」我們可以靠著問問題獲得寶貴資訊，了解待出售的車在另一方心中的價值。

取得這個資訊後，接下來可以靠第一個出價，讓談判錨點對自己
有利。

　　我們與歐洲工商管理學院的馬萬・席納索（Marwan Sinaceur）
做過研究，變數包括誰第一個出價，以及何時第一個出價。我們
請部分談判者在談判開始的頭一分鐘左右，就搶先出價；部分談
判者則是先與另一方至少談十五分鐘後，才第一個出價。

　　實驗結果的確顯示，晚一點第一個出價有競爭優勢，可以立
下對自己有利的錨點，又不會因為少了資訊，而讓自己處於不利
情勢。

　　關鍵在於，如果有充分的資訊，先開口有優勢；但如果對方
掌握的談判資訊比我們多，最好先禮讓對方。結論是，花點時間
多蒐集一些資訊──標的物資訊、產業資訊、對手的偏好──在
談判開始之前，先透過盡職調查取得資訊，在談判過程之中，也
要靠著問問題找出資訊。

　　不急著在談判中出價還有另一個好處：在開價之前如果先
討論，可以想出更多有創意、同時滿足雙方需求的方法。換句話
說，晚點出價可以同時帶來競爭優勢與合作方案。

快速重點整理：決定何時該第一個出價

- 當第一個出價的人之前，先問問題取得資訊，找出幾件
  事：

  對方為什麼要談判？──找出對方想購買／售出標的物
  的原因。

  對方多重視談判標的物？──找出他們掌握的資訊是否
  多過你，或者他們知道的沒你多。

  是否有哪件事你們擁有共同的偏好？──在你透露可能
  讓對方發現共同利益的資訊之前，先問問題，否則對方
  可能利用你透露的資訊，要求你在其他事項上做更多讓
  步。

- 如果擁有充分資訊，知道另一方多重視標的物，就當第一
  個出價的人。

- 如果不確定標的物真正的價值，就等對方先出價。

當然，決定「何時」該出價後，事情還沒結束。我們出價
時，還得決定要開哪一種價格，高還是低？該開多高？請看接下
來的討論。

如何開條件

摩頓・法蘭克林（Morton Franklin，此處為化名）看來「錢景」不妙，過去三年，他是附近唯一剩下的商家，其他鄰居早已把房子賣給建商。雖然建商願意出 100 萬美元買下摩頓的房子，幾乎是六年前購買價的兩倍，他依舊堅持不賣。經過多年的法律纏訟後，法院如今判決摩頓的不動產將被徵收。

為什麼摩頓先前拒絕建商相當誘人的條件？建商想蓋新辦公大樓，摩頓認為新開發案將破壞那一帶的環境，要是自己拒絕出售，建商就蓋不成。但他錯了。

雪上加霜的是，法院判決建商只需付摩頓目前的鑑價，鑑價大約只值其他鄰居拿到的安遷費的一半。此外，法院還下了驅逐令，摩頓得立刻搬走。

然而，摩頓想了想自己的困境後，發現自己依舊握有優勢。他可以抗辯搬遷日。當然，他大概會輸，但是做一點觀點取替思考就知道，拖下去對建商來說很麻煩。新的開發團隊想買下他的房子，如果搬遷日往後延，銷售計畫會被打亂。

就這樣，摩頓想出計畫。他做一個簡單的提議：他同意立刻搬走……如果建商願意出高價的話。價格要定多少？摩頓問自己一個簡單的問題：如果他現在就搬，對建商來說值多少錢？

聽起來很荒謬，對吧？然而神奇的事發生了，雙方最終以300 萬美元左右成交。摩頓由於一開始出了高價，拿到法院判決價格的六倍。

大部分的人和摩頓不同。不論是談薪水、賣車或賣房的價格，或是和解協議，甚至是和朋友、鄰居談友好的安排，我們害怕要是一開始要求太多，對方會不高興，也擔心要是中途變卦，別人會認為我們不守信用。更糟的則是，萬一對方很生氣，乾脆不跟我們談了怎麼辦？當然，的確應該考量前述種種情形，不過我們的研究顯示，這一類的擔憂通常太過頭。事實上，**多數人第一次出價都太客氣了！**

怎麼樣才算積極的第一次出價？也就是極端樂觀的開價。積極的第一次出價會帶來理想結果，要是對方同意了，我們會開心到跳起來。然而，即便要積極，也不能偏離現實太多，過猶不及。

我們怎麼知道自己的出價夠高，但又沒高到瘋狂？可以用「撲克臉法」試一試：你能面不改色地提出那個條件嗎？另一個相關的測試方法是：你能提出依據嗎？不需要完美或讓人一聽就

相信的依據，但必須說得出一番道理。因此，如果各位能一本正
經地提出自己的條件，而且又能提供正當理由，那就去吧，勇敢
開口。

　　不過，我們在前文也提過女性面臨不公平的雙重標準，出價
能多有野心，還受性別影響。哈佛大學的鮑爾斯發現，女性要是
出價太積極，將面臨社會懲罰。很遺憾，性別會影響出價是否被
視為過頭。

　　為什麼搶先提出積極的出價很重要？答案要回到前文提過的
錨定效應。第一個被提出的價格會定下談判錨點，極端的第一個
出價會帶來極端的錨定效應，帶來更為理想的結果。

　　回到前文看房子的例子。你找到喜歡的房子，打算出價。你
在考慮要提出什麼數字時，有多受到開價影響？伊利諾大學的葛
雷格・諾斯克拉夫（Greg Northcraft）研究過這個問題，他給專業
房仲看一間房子，給他們豐富的背景資訊（給了整整十頁！），
接著請他們評估房子的真實價值。每一位房仲都看到相同的房
子，也讀了相同的十頁資料。諾斯克拉夫提供給房仲的資料，只
有房子的開價不一樣：有的房仲看到 14 萬 9,900 美元的高開價（積
極的錨點），有的則看到 11 萬 9,900 的低開價。雖然訓練有素的

房仲專家全都看到相同的房子，但看到高價版文件的房仲，平均認為房子多 1 萬 4,000 美元！

　　二手車的拍賣也出現相同效應。穆斯魏勒做實驗，將自己車齡十年的 1987 年歐普 Kadett E 開到幾位德國技師面前，請他們評估以車齡而言，那部車是否依舊值得修理凹痕。技師回答之前，穆斯魏勒先隨口提到自己認為車子值多少錢。他告訴某幾位技師車子值 2,800 德國馬克（等同當時的 1,556 美元），告訴某幾位技師車子值 5,000 馬克（2,778 美元）。如同房仲的實驗，技師的評估深受穆斯魏勒定的錨影響。儘管技師是非常懂車子的專家，聽見高價的技師評估的價格，比聽見低價的技師整整高 1,000 馬克！

　　值得注意的是，在前述兩個例子，專家都知道房子或車子的價值其實不到高錨點的價格，因此往下調整。然而問題在於，他們調得不夠多。就算是專家，也會被拉向錨點。

　　一開始開價開得高有好處的另一個原因，與談判過程的社會規範有關。我們談判時預期會出現討價還價，雙方你讓一步，我也讓一步，折衷妥協。事實上，許多談判者常會說：「那就取中間好了。」取兩方想要的價格平均，似乎滿公平的。也就是說，我們開出價格後，只能往一個方向繼續談：比開價低的價格。要是後來的出價比第一次的出價極端，就是違反社會常規。依照談判的劇本，價格不能越開越高，不能談一談又多加要求。這麼做的話，對方會視你為必須擊敗的競爭對手。

基於錨點的力量與談判的社會常規，我們教談判時，座右銘是：「不開口，就拿不到想要的東西。」

各位可以參考我們的同事穆斯魏勒的真實談判例子。某年感恩節，穆斯魏勒正在等一班嚴重超賣的班機，航空公司問有沒有人自願改搭明天的飛機，可以拿到 500 美元折價券。穆斯魏勒走向剛剛只給另一位乘客折價券、其他什麼都沒給的地勤人員，問了一個簡單的問題：「如果我願意改搭明天的飛機，可以升等為頭等艙嗎？」地勤人員說可以。

接著穆斯魏勒又問：「你們願意付我今天晚上的飯店錢嗎？」地勤人員說可以。「好，那你們會付我今天晚上在飯店用餐的錢嗎？」「好。」最後穆斯魏勒又問：「我們抵達最後的目的地後，你們願意付我們搭計程車回家的錢嗎？」「嗯，沒問題。」

穆斯魏勒因為開了口，多得到許多補償。其他人沒問，所以什麼都沒拿到。有時事情就是這麼簡單。

（附帶一提，這趟旅程還有文化不同造成誤解的幽默插曲。頭等艙空服員問穆斯魏勒想吃「蛋配香腸」，還是「Special K 早餐」，身為德國人的穆斯魏勒選了後者，因為他不知道 Special K 是家樂氏品牌，還以為 special 如同字面的意思，是指「特別的」早餐。他發現只是穀片後相當失望！）

搶先提出積極的高價，不但可以帶來競爭優勢，也會讓你顯得更願意合作，因為你有了讓步的空間，但依舊能拿到好條件。相較之下，如果一開始的出價就接近底線，此時沒有太多談判空間，如果對方要求你讓步，你只能讓很小一步。

給自己讓步的空間，是讓競爭談判變合作談判的關鍵。一個很簡單的理由是，一開始提出積極的高價，會改變對手的預期。如果你一開始標準定很高，對方會預期一場棘手的談判，接下來你表現出願意讓步時，他們會開心得嚇一跳。第二，讓步程度可以替另一方留面子。人們把自己的談判技巧講得天花亂墜時，通常會提到自己讓原本的出價降了多少。人們喜歡把自己想像成別人不得不讓步的厲害談判高手。為讓步預留空間的獅子大開口，可以讓對方覺得自己很厲害，有值得炫耀的談判故事可講。

換句話說，一開始先積極出價，可以帶來有利錨點，還得到讓步空間。靠著「獅子大開口」，表現出競爭的態度，反而讓你顯得更具合作的誠意！

　　歐巴馬總統曾經吃過虧才掌握談判的訣竅。2011 年時，美國面臨財政危機，眼看國家就要超過債務上限的最後期限，也就是財政部能夠發行的公債數量上限。在過去，國會無條件通過提高債務上限的法案，然而，這一次在野的共和黨希望通過讓美國可以繼續借錢以準時還錢的法案之前，自己能夠得到民主黨的讓步。

　　共和黨在 2011 年提出野心勃勃的第一回合出價，提出「削減、設限和平衡」計畫，要求大幅削減支出、替未來支出設限，以及修正要求預算必須平衡的憲法——這幾點全是民主黨大力反對的主張。

　　然而，歐巴馬總統第一次出價過於通融。他在回應共和黨這個前所未有的舉動時，提供了妥協辦法，內容混合共和黨要求的支出刪減，以及民主黨要求的美國最富有的人必須加稅。然而，共和黨不但並未接受歐巴馬的提議，還要求總統改變立場，做出更多讓步。總統照辦，下一回合不再要求加稅，只要求改革稅制，甚至願意刪減民主黨神聖的社會安全暨醫療保險計畫。

　　美國最終在國會通過法案後，避免了一場違約危機，包括削減近 1 兆美元支出，外加未來要再削減 1 兆多美元——全是對共和黨有利的做法。歐巴馬總統只得到微幅調高債務上限，不久後的未來一定會再次碰上超額問題。有人感嘆歐巴馬過於軟弱，對方逼得越厲害，他就退得越多。一切都始於軟弱的第一次出價。

　　然而，歐巴馬總統從錯誤中學習。僅僅兩年後，2013 年時，他再度碰上類似的債務上限爭論，這一次他宣布：「我不會為了美國究竟要不要說話算話、究竟要不要償債而進行談判。美國的充分信任與尊重精神不容質疑。」這一次的債務上限危機造成政府停擺，然而兩黨最後達成協議，總統幾乎沒做任何讓步。評論家表示：「他們學到教訓，調整自己的策略，這次堅守立場。」

　　前述這個例子告訴我們三件重要的事：第一，我們必須小心防範另一方的積極出價帶來的心理錨定效應。要怎麼做？聽見對方提出的條件之前，先寫下自己最初的條件。

　　第二，不要讓第一次的出價接近折衷方案。對方永遠不會把第一次的出價當成理想方案，達成協議前會要求我們繼續讓步。一開始條件開得高沒關係，因為不論我們提出什麼條件，對方幾乎一定會要求我們讓步。

　　第三，不要忘了獅子大開口有風險。共和黨第一次的極端要求奏效，得到民主黨非常大的讓步，然而第二次則換來政府停擺，而且輿論一面倒認為是共和黨的錯。

精準很重要

有的錨比其他錨「重」。以下的方法，可以讓各位第一次的出價又重、又發揮最大影響力。

想像一下，你要賣車，你向潛在買主出價。你的第一次出價應該多精準？歐洲與美國兩組科學家分別做了研究，最後得出完全相同的結論。

哥倫比亞大學的瑪麗亞・梅森（Malia Mason）設計珠寶談判實驗，一共有三種第一次出價。相較於第一次出價為約略數字（20美元）的談判者，提出精確出價（19.85 美元或 21.15 美元）的談判者，最後談到較佳的價格。梅森發現，精確的第一次出價是比較「重」的錨，因為精確數字比約略數字更讓人覺得出價的人懂行情。

其他研究人員也發現，人們在回答冷知識時，如果講出較為精確的答案，別人會覺得他們對答案有自信。例如被問到「尼日

河長多少英里？」有的人回答精確的兩千六百一十一英里，有的
人回答約略的兩千六百英里，此時精確數字會讓人覺得回答者有
自信，更認真看待他們的答案。

　　另一個類似的研究，地點是提供修復與買賣服務的古董家
具行。薩爾蘭大學的羅切德研究逛古董店的民眾，請店家幫忙做
實驗。老闆請客人評估某張寫字檯（未修復的狀況下約值 700 歐
元），提出自己願意花多少錢買下。定價一共有四種：

1.　溫和約略價900歐元

2.　積極約略價1,200歐元

3.　溫和精確價885歐元

4.　積極精確價1,185歐元

　　羅切德發現，第一次出價既積極又精確時（1,185 歐元），人
們願意付最多錢。這是四種情形中，唯一人們願意付超過 1,000 歐
元的情形。精確的積極出價，是最「重」的錨。

　　當然，第一次出價不能精確過頭。亞當曾經因為對新研究感
到興奮，告訴朋友房子的開價越精確越好。朋友聽從他的建議，
幫自己的芝加哥大廈公寓開出非常精準的價格，精確到十位數字

（50美元），結果沒有任何人出價。

這個失敗的例子啟發我們，我們和哥倫比亞大學的愛麗絲・李（Alice Lee）一起進行研究，發現精確的開價會嚇走潛在買主，帶來「進入障礙」。為什麼？因為精確的開價代表自信，但也意味著缺乏彈性。提出精準的開價是在告訴大家，我們對於自己要拿到的價格很有自信，沒有太多商量空間。看似沒彈性，會趕跑潛在買家，不過幸好我們可以靠著幾種方式留人。

找到正確平衡：大膽開價，但要讓人覺得有合作的誠意

積極的第一次出價可以讓我們取得競爭優勢，然而要是過頭了，對手會乾脆離開談判桌。

我們得想辦法抓到平衡，要積極，也要表現出願意合作的態度。方法有兩種，兩種都與定下數個錨點有關。

哥倫比亞大學的丹尼爾・艾姆斯（Daniel Ames）本身會開船，他沿用錨的比喻，大海波濤洶湧時，船員會拋出第二個錨，好讓船身不會過於搖晃。艾姆斯研究在談判情境下第二個錨點效應：不提出單一價格，而是提出「一段」價格。

艾姆斯發現，提出一段價格會帶來更好的協議，不過前提是，數字要夠積極。取心中的理想數字當成下限，接著往上加，得出一段範圍。積極的範圍會讓人談成更好、但依舊合理的條件，找到競爭與合作的平衡點。

檯面上只有一個議題時，提供一段範圍特別有效。但萬一有好幾件事要談，如何才能同時得到競爭與合作的好處？

答案是，提出一個以上開價。我們在多倫多大學喬佛瑞·李奧納德里（Geoffrey Leonardelli）主持的研究計畫中，一起探討讓談判的另一方有數種提議可以選擇的好處。談判者可以靠著提供數個選項，又積極，又有彈性，讓競爭之中有合作。

想像一下，你提供一位新人工作，開出的條件涉及薪水與工作地點：假設亞利桑那州圖森辦公室薪水是 8 萬 6,000 美元。要給數個出價的話，可以提供兩個以上選擇，所以你的第一次開價是：

1. 到圖森工作的話，薪水 8 萬 6,000 美元
2. 到喬治亞州薩凡納工作的話，薪水 8 萬 7,000 美元

關鍵是讓數個開價對你來說總價值是一樣的，不論對方選了哪一個方案，對你來說都很好。然而，對於談判桌對面的人來

說，其中一個方案的價值可能勝過其他方案。你可以靠著讓對方選擇，得到更好的財務與人際互動結果。為什麼？

接受提議的那一方會把擁有數個可以選擇的方案，視為合作的跡象。人們有選擇的時候，比較不會堅持己見，願意直接接受第一次的出價。數個選項帶來的感覺，與最後通牒正好相反。

我們透過實證研究，證明數個出價的確會為一方帶來更好的結果，但又不會為另一方帶來更糟的結果。相較於只提一個出價，**提供數個方案可以帶來雙贏。把餅變大，但多出來的部分大多到自己手上。**

提出數個開價，也能在缺乏力量時，降低野心過大的潛在成本。歐洲工商管理學院馬汀‧史文伯格（Martin Schweinsberg）的研究顯示，如果是沒有其他理想選項、沒有多少力量的談判者，要是提出積極的第一次出價，高權力的那一方通常會乾脆離開談判桌。然而，多重開價，可以讓低權力談判者掌控流程，在沒有風險的情況下取得合理結果。低權力談判者得以提出積極談判，而不會被拒於門外。

本章介紹了競爭或談判時的出手時機與方法。下一章，我們要看衝過終點線時，為什麼一定得在合作與競爭之中抓到平衡。

CHAPTER 11

穿越終點線

　　大家都覺得那個人身上帶著炸彈。

　　邁阿密 SWAT 霹靂小組抵達現場，眼前是奇特的景象，高約一百二十公尺的無線電鐵塔上，一名三十六歲男子正在拋傳單給下方民眾。傳單上只寫著：「聽巴瑞斯說話。」

　　先前卡羅斯·巴瑞斯·亞瓦瑞滋（Carlos Paris Alvarez）翻過鐵絲網，爬上一百多公尺高的鐵塔，身上帶著三個手提箱。SWAT 小組封鎖現場後，這下子得做決定，該採取競爭姿態，爬上鐵塔，靠催淚瓦斯逼巴瑞斯下來？還是該採取較為合作的手法，試著勸巴瑞斯下來？

　　SWAT 小組選擇後者，請危機談判人員安傑爾·卡札狄亞（Angel Calzadilla）過來處理。卡札狄亞觀察了一下現場不尋常的情勢，立刻遇上第一個問題：要如何與待在無線電鐵塔最高處、又沒有手機的人溝通？等於是相隔一座橄欖球球場的距離。

雖然不是什麼絕妙的辦法，不過卡札狄亞帶著一大疊紙和馬克筆搭上直升機。卡札狄亞坐在直升機內，在紙上寫字，接著貼在直升機窗戶上，看巴瑞斯點頭還是搖頭。

各位可以想像，這種溝通方式得花很多時間，而且巴瑞斯一點都不急。SWAT 小組擔心巴瑞斯的三個手提箱裡裝著炸彈，但裡面其實是換洗衣物，以及夠吃一星期的食物。

雙方你來我往七小時後，卡札狄亞終於說服巴瑞斯下鐵塔。要是他現在就下來，卡札狄亞會安排他和聚集在下方的記者談話。要是巴瑞斯不答應，繼續拖下去，記者可能跑去追別的新聞，他就沒機會說出自己想說的話。

巴瑞斯被說服，爬下鐵塔，SWAT 小組在下方虎視眈眈。這傢伙害他們耗了七小時，他們只想快點把他扔進警車載走。這下子情勢變成甕中捉鱉，SWAT 小組的心態轉為競爭。

然而卡札狄亞沒轉向，堅持原先的合作策略，要SWAT小組在旁邊稍等一下，讓他遵守自己的承諾。卡札狄亞請新聞攝影人員幫忙，就算沒興趣聽巴瑞斯講話，能不能至少打開攝影燈光，讓他講個兩分鐘？

媒體同意了，而且聽到遠比預期中有趣的話。巴瑞斯相信自己是上帝的使者，上帝派他替地球完成四件事：少一點柏油、多一點馬、多一點腳踏車，最後一件事，則是禁止俄國色情刊物，不是所有的色情刊物，只有俄國的不行，這一點對巴瑞斯來講尤其重要（順道一提，這是真實事件）。

除了上帝的四點主張，巴瑞斯也想幫自己要求一件事。鮑勃‧杜爾（Bob Dole）最近剛獲得共和黨美國總統提名，巴瑞斯想當杜爾的副手，和他一起參選。

巴瑞斯在媒體面前提完要求後被帶走，送至精神療養院，但由於他其實並未準備炸彈，對社會的危險性不大，很快就被釋放。

然而，故事還沒結束。

幾個月後，在週日復活節那天，警局呼叫卡札狄亞，有危機事件，他們需要他。一開始的時候，狀況不明，只知道有一名男子爬上高壓電塔，想要發布訊息。奇怪的是，這個人特別指定要跟卡札狄亞談。

卡札狄亞聽到最初的現場狀況後，想說不會吧？不，不可能，但真的是──高壓電塔上的人就是巴瑞斯。

不過，這一次談判沒有拖很長，上次卡札狄亞遵守諾言，讓巴瑞斯開記者會，巴瑞斯信任他，因此這次的談判十分順利，兩人很快就達成協議。

做卡札狄亞這一行的人，一般不會有「回頭客」，難免讓人想要便宜行事，然而，雖然卡札狄亞知道自己這輩子八成只會碰到巴瑞斯一次，依舊遵守諾言。這次的切身經驗讓卡札狄亞知道，就算九成九只會發生一次的事，也可能變成「常客」，這一回合的處理方式，深深影響接下來的回合。

我們可以從卡札狄亞的經驗中學到許多事，不過這裡提一點就好：結尾很重要。我們收尾的時候，可能誤以為難處理的部分都結束了，但其實還沒。若要在未來有效競爭與合作，我們必須小心處理最後一步。

結尾比想像中重要

接下來要介紹幾種幫互動收尾的方式，不過在此之前，我們先了解一下為什麼結尾這麼重要。我們結束互動的方式，深深影響其他人如何看待那次的互動。

大家都知道，人類的記憶力不是很完美，不過，我們可以反過來利用記憶帶來的誤導，好好結束互動。人類回憶過往事件時，特別受事件的結尾影響。

諾貝爾獎得主丹尼爾‧康納曼以不尋常的實驗證實了這個現象。研究團隊邀請受試者到實驗室捲起袖子，手伸進很冷的水。受試者得把手放在攝氏 14 度的冷水中六十秒鐘。六十秒過後，休息一下，接著把另一隻手放進攝氏 14 度的冷水中九十秒，但是在最後的三十秒，水會加熱到攝氏 15 度，這個溫度依舊不宜人，只是比 14 度好一點點（實驗人員會調換兩場實驗的順序）。實驗人員問受試者哪一種比較舒服，他們想再做哪一個實驗。

令人意外的是，受試者不但覺得時間比較長的實驗（九十秒），比時間短的實驗（六十秒）舒服，更令人訝異的是，如果要再做一次，69%的人會選擇時間長的那一個！客觀上來講，長版實驗是較糟糕的選項，受試者得忍受較久的不舒服，然而，由於長版實驗的結尾舒服一點點，受試者會記得長版實驗比較好受。

康納曼的研究發現太令人意外，唐納‧雷德米爾（Donald Redelmeier）團隊用真的會很不舒服的大腸鏡檢查做追蹤實驗。大腸鏡令人痛苦的程度，高到醫生甚至常開鎮靜催眠劑給病患，幫助他們消除那段記憶。雷德米爾隨機分配病患做兩種大腸鏡檢查。其中一種，病患做完一般的大腸鏡檢查後，雷德米爾「迅速」取出大腸鏡，取出的過程很短，但病患會在實驗尾聲感受到一陣劇痛。在另一種情形，則是病患做完一般檢查後，雷德米爾「緩緩」取出大腸鏡，這麼做會拉長整個體驗，增加病患必須忍受疼痛的時間，但比起速戰速決法，實驗尾聲的痛比較輕微。

　　實驗結果如何？和冷水實驗一樣，忍受較長時間的大腸鏡檢查（主觀上比較糟）、但結尾沒那麼痛的病患，他們記憶中整場經驗比較不痛，以後比較可能再做一次大腸鏡檢查。

　　相關實驗告訴我們一件重要的事：一段經歷的尾聲，深深影響我們記住那段經歷的方式。不論是全家出門度假、公司出遊或談判，最好有美好的收尾。

　　以卡札狄亞的例子來說，他第一次碰到巴瑞斯時，讓巴瑞斯很滿意，因此第二次再遇上他時，談判順利許多。不只是危機談判出現這樣的現象，我們答應起薪、與客戶達成協議，或是請鄰居小孩除草時，我們未來很可能會再度與對方合作，如果對方這次的感受不太好，可能就不想再與我們合作。然而，如果我們能讓事情結束在合作的氣氛之中，對方下一次可能會再度和我們打交道，甚至給我們更好的東西。

　　和睦的結尾，能讓我們在未來得到更多的機會。如同滿意的顧客會再度光顧，滿意的談判夥伴也會再回來找我們。此外，滿意的人會口耳相傳，幫我們建立名聲，一傳十、十傳百，更多人搶著與我們合作。讓一個談判對象滿意，不只會帶來一個回頭客，還會吸引其他人。

　　此外，今日讓談判對象滿意，明日就更能取得讓步，「記得上次我給你多好的條件嗎？這次我需要你幫一點小忙。」反過來也一樣，如果對方覺得上次拿到的條件不好，下次會想要討回來。換句話說，無法釋懷的不公平感會化友為敵。

面露笑容時要小心

　　怎麼做可以讓談判的另一方開心離開？方法與本書開頭討論的「社會比較」有關。還記得嗎？不論是薪水、體重或人際關係，我們靠著「社會比較」了解自己的表現。同樣重要的是，「社會比較」會影響我們滿意自己的程度。

　　我們和他人達成協議時，立刻變成對方第一個社會資訊來源。他們想知道自己是否得到一筆好交易時，尋找的第一個線索是什麼？答案是我們的表情。如果我們有些垂頭喪氣，我們傳遞的訊息是：這是一場艱難的戰役，最後對方占了上風。

　　如果我們露出大大的微笑，則是在發送非常不一樣的訊息：我們對於結果感到非常滿意……此時，另一方會擔心自己是不是被占便宜了。事實上，西北大學莉・湯普森（Leigh Thompson）的研究顯示，簽約時表現得太快樂，是在告訴對方他們達成不利的交易。你可以表達自己欣慰能達成協議，但千萬別表現得太快樂，以免對方認為你愚弄了他們。

　　經驗豐富的政治人物懂這個道理。以冷戰為例，美國與蘇聯兩個敵手互相對抗了數十年，投下數兆美元搶奪在全球與太空的領導地位，其中兩方最嚴重的衝突引爆點是東西德分裂。之後，蘇聯失去在東歐的影響力，柏林圍牆倒塌這個著名的歷史事件象徵著冷戰結束。開心的德國人用錘子敲碎圍牆，甚至徒手去拆。

　　對美國人來說，柏林圍牆倒塌代表著這場歷經數十年、鮮少能明確證明自己獲勝的對抗，這下子終於有可以歡呼的勝利。那麼美國總統老布希（George H. W. Bush）有什麼反應？他輕描淡寫地表示：「本人深感欣慰。」這句話實在太普通，老布希後來不得不為自己辯解：「我不是那種喜怒哀樂都表現在臉上的人。」不過，老布希私底下大概樂翻了。他的國務卿詹姆斯・貝克（James Baker）回憶：「布希拒絕幸災樂禍。」老布希知道，自己依舊得和蘇聯領導人打交道，沾沾自喜無助於未來的互動。

此外，達成交易時，我們還得注意另一件事，以免讓談判的另一方沮喪：一定要慢慢來。想想許多人到國外旅遊碰到的經驗就知道。你造訪當地市場，有很多小販在賣小東西，你看到有個花瓶滿漂亮的，你停下來，拿起花瓶仔細研究。小販要你出個價，你想起以前看過的其他花瓶，開口說：「40 美元！」小販立刻同意，幫你包起來。

此時你有什麼感覺？

再想像一下，如果小販沒同意，搖頭說要 60 美元才夠。你堅守立場，討價還價了很久，老闆終於同意：「那就 50 美元好了。」此時你有什麼感覺？

當然，第一種情形我們理應比較開心，因為省了 10 美元與討價還價的二十分鐘。然而依據我們與西北大學麥維教授的研究，如果對方立刻答應我們第一次的出價，我們會懊悔不已：「我出太多了！」就算其實很划算，對方立刻答應，還是會讓我們沮喪。

考量到另一方的觀點後，我們知道永遠都不應該立刻答應對

方第一次的出價。要求對方提高價格與讓步，不但可以達成更好
的交易，還能讓對方心滿意足。

結束其實是開始

　　在本書的結尾，我們學到，就算已經成交，依舊得處理合作
與競爭之間的張力，而且還得放眼未來。

　　「commencement」這個英文字很能說明相關道理。這個字讓
人想起代表「結束」的事件，例如中學或大學畢業典禮。然而，
「commencement」的字根「commence」卻是「開始」的意思。因
此，畢業典禮其實代表著新開始。如同畢業生踏上追求新機會的
旅程，我們結束互動或達成交易的方式，開啟了接下來每一件
事。

　　不要忘了，接下來會發生的事，不會只是合作，也不會只是
競爭，而是時而合作，時而競爭。我們在不穩定的社會爭取稀缺
資源時，不能光是準備好合作，也不能光是準備好競爭，而是競
爭之中有合作，合作之中有競爭。

ACKNOWLEDGMENTS

謝辭

我們得到許許多多人的協助，才能通過終點線。首先我們要感謝經紀人吉姆・列文（Jim Levine），要是沒有他的鼓勵、智慧與溫和的催促，我們永遠無法完成本書。我們還要感謝塔利亞・克羅恩（Talia Krohn）讓我們寫出能見人的草稿。如果各位依舊覺得不好讀，應該看看塔利亞編輯前的版本！塔利亞不但有銳利的雙眼，也有開放的心胸，感謝她願意與我們討論本書幾乎每一個面向。

我們努力讓本書充滿趣味十足的例子，其中許多來自尚恩・法司（Sean Fath）、提姆・法藍克（Tim Flank）與安娜塔西亞・烏索法（Anastasia Usova）。我們也要感謝尚恩與安娜塔西亞確認每一份研究、每一則故事的出處。我們感謝他們付出的心血。

有太多人協助編輯各章節與提供建議，他們讓我們免於尷尬的錯誤，還讓內容更簡潔、更通順。我們要感謝艾瑞克・安尼屈、亞當・格蘭特、艾瑞卡・豪爾（Erika Hall）、席娜・艾言格（Sheena Iyengar）、愛麗絲・李、喬・馬基、雪柔・桑德伯格、克勞德・修恩伯格（Claude Schoenberg）、沙潔・席瑞佛（Sargent Shriver）、羅德瑞克・史瓦伯、安迪・陶德（Andy Todd）、珍・惠特森（Jenn Whitson）、辛蒂・王（Cindy Wang）。

我們也要感謝約書華・濟伊（Joshua Keay）提供書封設計靈感，他將本書的精神化為驚人視覺設計！

亞當的話：

我要感謝哥哥麥可與我的另一半珍妮佛・歐雷恩（Jennifer Olayon）。麥可在我最需要的時候催促我、鼓勵我、挑戰我。他是傑出的創意藝術家與紀錄片製作人，他從本書的第一版草稿，就用他的電影專長幫忙編輯。珍的愛與支持，讓我得以打起精神整理堆積如山的文獻。她提供舉辦多元會議的關鍵專業見解，永遠鼓勵我們讓本書納入多元觀點。她是我的心靈支柱，這本書是我的，也是她的。

我要感謝太多導師、同事、學生，他們引導我思考，帶來本書靈感。大力支持我的導師包括：珍・貝瑞特（Jeanne Brett）、蓋倫・博登浩森（Galen Bodenhausen）、約爾・庫柏（Joel Cooper）、黛伯・葛魯芬德、理查・哈克曼（Richard Hackman）、丹尼爾・康納曼、瑪西亞・強森（Marcia Johnson）、艾琳・雷曼（Erin Lehman）、維琦・麥維（Vicki Medvec）、戴爾・米勒（Dale Miller）、凱斯・莫尼漢（Keith Murnighan）、戈登・莫斯寇維滋、傑夫・史東，以及莉・湯普森。

　　鼓勵我的研究同仁包括：亞裘・亞當（Hajo Adam）、卡麥隆・安德森、艾文・艾普費班穆、丹尼爾・艾姆斯、亞利亞・克蘭姆（Alia Crum）、帝娜・迪克曼（Tina Diekmann）、奈特・法斯特（Nate Fast）、尼爾・哈列維（Nir Halevy）、哈爾・赫許費德（Hal Hershfield）、雅考伯・赫許（Jacob Hirsh）、艾娜・印森（Ena Insei）、席娜・艾言格、索妮亞・甘（Sonia Kang）、亞倫・凱、蓋文・基爾杜夫、布蘭登・金恩（Brayden King）、蘿拉・克瑞（Laura Kray）、柯謝金、約里斯・拉默斯、喬佛瑞・李奧納德里、喬・馬基、貝諾・莫寧（Benoit Monin）、威爾・馬杜思、瑪麗亞・梅森、麥可・莫里斯（Michael Morris）、湯瑪士・穆斯魏勒、羅蘭・諾葛倫（Loran Nordgren）、威利・奧卡丘（Willie Ocasio）、傑拉朵・歐庫森（Gerardo Okhuysen）、凱西・菲利浦斯（Kathy Phillips）、理查・羅內（Richard Ronay）、德瑞克・洛克、蓋李・什坦伯格（Garriy Shteynberg）、潘・史密斯（Pam Smith）、哈瑞斯・索達克（Harris Sondak）、羅德瑞克・史瓦伯、伊泰・史坦（Ithai Stern）、布萊恩・烏齊（Brian Uzzi）、亞當・偉滋（Adam Waytz），以及朱蒂斯・懷特（Judith White）。

　　我很幸運能合作的學生包括：艾瑞克・安尼屈、吉茵・高（Jiyin Cao）、艾希利・卡特（Ashli Carter）、艾琳・周（Eileen Chou）、大衛・杜伯斯（David Dubois）、布萊恩・古尼亞（Brian Gunia）、艾瑞卡・豪爾、丹尼斯・許（Dennis Hsu）、莉・黃（Li Huang）、桑尼・金（Sunny Kim）、姬蓮・古、愛麗絲・李、凱蒂・李簡奎斯特、傑克森・盧（Jackson Lu）、布萊恩・盧卡斯（Brian Lucas）、艾絲利・馬丁（Ashley Martin）、瑞秋・盧坦（Rachel Ruttan）、尼羅・席瓦森（Niro Sivanathan）、安迪・陶德、珍妮佛・惠特森、辛西亞・王（Cynthia Wang）、安迪・葉（Andy Yap）、承柏・鍾（Chenbo Zhong）。

　　我也要感謝莫里斯。我們踏上這趟旅程時，我原本還以為自己文筆夠好，但是從以前到現在，莫里斯才是優秀的那個人。不過，我沒把莫里斯看成寫作上的對手，而是把他當成模範，我想像他那樣輕輕鬆鬆就寫下精準文字，他是寫作旅程中的完美同伴。

莫里斯的話：

許多人啟發了我對本書的思考。我要感謝我的導師、同事與朋友，包括克里希南・阿南德（Krishnan Anand）、丹・艾利里（Dan Ariely）、麥克斯・貝滋曼（Max Bazerman）、布拉德・貝特里（Brad Bitterly）、艾莉森・布魯克斯、戴利安・肯（Daylian Cain）、科林・卡麥瑞（Colin Camerer）、珍妮佛・杜恩（Jennifer Dunn）、法蘭西絲卡・吉諾（Francesca Gino）、麥可・哈森漢（Michael Haselhuhn）、奇普・希思（Chip Heath）、傑克・赫胥黎（Jack Hershey）、傑西卡・甘迺迪（Jessica Kennedy）、布魯斯・寇斯曼（Bruce Kothmann）、霍華・庫倫瑟（Howard Kunreuther）、艾瑪・李文、羅伊・魯維齊（Roy Lewicki）、羅伯特・羅特（Robert Lount）、凱德・馬西（Cade Massey）、彼得・麥克羅（Peter McGraw）、凱薩琳・麥克曼（Katherine Milkman）、朱莉亞・明森、席孟・莫倫（Simone Moran）、凱斯・莫尼漢、邁克・諾頓、麗莎・歐登內滋（Lisa Ordonez）、葛蘭罕・歐文頓（Graham Overton）、戴文・波普、陶德・羅傑斯（Todd Rodgers）、拿歐米・羅曼（Naomi Rothman）、妮可・魯迪（Nicole Ruedy）、喬・西蒙斯（Joe Simmons）、尤里・西蒙遜、克莉絲汀・史密斯—克羅威（Kristin Smith-Crowe）、史蒂夫・烏連（Steve Ulene）、丹妮

爾・華倫（Danielle Warren）、山姆・沃吉尼羅爾、傑若米・葉（Jeremy Yip）。

我也要感謝女兒艾維塔、丹妮爾、琳賽、塔莎，以及我世界的中心：我的太太蜜雪兒。她們體諒我放假、週末、深夜都得埋首於筆電，讓我明白友誼與平衡的意義，並且鼓勵我完成本書！

最後我要感謝亞當。幾年前我在研討會上認識亞當，我告訴他自己想寫一本書，他聽完我的計畫後，告訴我別寫那本書，建議兩人一起合作，兩人一起寫比較好。就這樣，我們踏上成為朋友與敵人的旅程，一路上我從他身上學到太多，最後的成果和我幾年前想寫的書完全不一樣，正如亞當所想，合作的結果精彩太多！

REFERENCES
參考資料

Introduction

Foster, C. "Breastfeeding and Fertility." *New Beginnings* 23, no. 5 (September–October 2006): 196–200.

Siegel, Ronald K. "Hostage Hallucinations: Visual Imagery Induced by Isolation and Life-Threatening Stress." *The Journal of Nervous and Mental Disease* 172, no. 5 (1984): 264–272.

Rubenstein, D. I. "The Ecology of Female Social Behavior in Horses, Zebras, and Asses." *Animal Societies: Individuals, Interactions, and Organization* (1994): 13–28.

Sherman, P. W. "Nepotism and the Evolution of Alarm Calls." *Science* 197, no. 4310 (1977): 1246–1253.

Sims, Calvin. "Guerrillas in Peru Threaten to Kill Hostages." *New York Times*, December 19, 1996, accessed December 12, 2014.

"Worker Dies at Long Island Wal-Mart After Being Trampled in Black Friday Stampede." *New York Daily News*, November 28, 2008. Retrieved online version.

Chapter 1

Barnett, Ruth. "Labour Leadership: Ed Miliband Beats Brother." Sky News Online, September 25, 2010, http://news.sky.com/story/807839/labour-leadership-ed-miliband-beats-brother.

Castle, Stephen. "Brother (and Rival) of British Party Leader Quits Politics." *New York Times*, March 27, 2013.

Lyall, Sarah. "An Englishman in New York." *New York Times*, December 8, 2013.

Christakis, Nicholas A., and James H. Fowler. "The Spread of Obesity in a Large Social Network over 32 Years." *New England Journal of Medicine* 357, no. 4 (2007): 370–379.

"Eating for Two: Fathers Put on Baby Weight Too, as Average Man Is Prone to Put on a Stone." *Daily Mail Online*, May 22, 2009. http:// www.dailymail.co.uk/femail/article-1185627/Eating-Why-fathers-baby-weight-pregnancy.html.

Klein, Hilary. "Couvade Syndrome: Male Counterpart to Pregnancy." *The International Journal of Psychiatry in Medicine* 21, no. 1 (1991): 57–69.

Sanburn, Josh. "Top 10 Tennis Rivalries." *Time*, September 8, 2010.

Neely, Kaylyn. "Greatest Lakers Rivalry: Larry Bird vs. Magic Johnson." *Rant Sports*, September 17, 2012.

Kilduff, Gavin J., Hillary Anger Elfenbein, and Barry M. Staw. "The Psychology of Rivalry: A Relationally Dependent Analysis of Competition." *Academy of Management Journal*, 53, no. 5 (2010): 943–969.

"For the Press." *Happy Brain Science*, http://www.happybrainscience.com/.

Brosnan, Sarah F., and Frans B. M. De Waal. "Monkeys Reject Unequal Pay." *Nature* 425, no. 6955 (2003): 297–299.

"American Airlines Unions Approve Concessions Deal." *USA Today*, April 15, 2003.

Wong, Edward. "American's Executive Packages Draw Fire." *New York Times*, April 18, 2003.

Wong, Edward. "Under Fire for Perks, Chief Quits American Airlines." *New York Times*, April 25, 2003.

Allen, Arthur. "The Mysteries of Twins." *Washington Post*, January 11, 2008.

Segal, Nancy L. *Born Together—Reared Apart: The Landmark Minnesota Twin Study*. Cambridge, Massachusetts: Harvard University Press, 2012.

Schweitzer, Maurice E. Interview with Sam Wojnilower, June 14, 2013.

Neumark, David, and Andrew Postlewaite. "Relative Income Concerns and the Rise in Married Women's Employment." *Journal of Public Economics* 70, no. 1 (1998): 157–183.

Tait, Rosemary, and Roxane Cohen Silver. "Coming to Terms with Major Negative Life Events." *Unintended Thought* (1989): 351–382.

Medvec, Victoria Husted, Scott F. Madey, and Thomas Gilovich. "When Less Is More: Counterfactual Thinking and Satisfaction Among Olympic Medalists." *Journal of Personality and Social Psychology* 69, no. 4 (1995): 603.

Matsumoto, David, and Bob Willingham. "The Thrill of Victory and the Agony of Defeat: Spontaneous Expressions of Medal Winners of the 2004 Athens Olympic Games." *Journal of Personality and Social Psychology* 91, no. 3 (2006): 568.

Goodman, Peter S. "U.S. Job Seekers Exceed Openings by Record Ratio." *New York Times*, September 27, 2009.

Bianchi, Emily C. "The Bright Side of Bad Times: The Affective Advantages of Entering the Workforce in a Recession." *Administrative Science Quarterly* 58, no. 4 (2013): 587–623.

Davies, James C. "Toward a Theory of Revolution." *American Sociological Review* (1962): 5–19.

Takahashi, Hidehiko, Motoichiro Kato, Masato Matsuura, Dean Mobbs, Tetsuya Suhara, and Yoshiro Okubo. "When Your Gain Is My Pain and Your Pain Is My Gain: Neural Correlates of Envy and Schadenfreude." *Science* 323, no. 5916 (2009): 937–939.

Leach, Colin Wayne, Russell Spears, Nyla R. Branscombe, and Bertjan Doosje. "Malicious Pleasure: Schadenfreude at the Suffering of Another Group." *Journal of Personality and Social Psychology* 84, no. 5 (2003): 932.

Berger, Jonah, and Devin Pope. "Can Losing Lead to Winning?" *Management Science* 57, no. 5 (2011): 817–827.

Statement by the President upon Signing the National Defense Education Act. The American Presidency Project. Dwight D. Eisenhower: September 2, 1958. Retrieved online version.

Rogers, Simon. "NASA Budgets: US Spending on Space Travel Since 1958 UPDATED." *The Guardian*, February 6, 2010.

Kilduff, Gavin J. "Driven to Win: Rivalry, Motivation, and Performance." *Social Psychological and Personality Science* 5, no. 8 (2014): 944–952.

"Tonya, Nancy Reflect on the Whack Heard 'Round the World." *USA Today*, January 3, 2014.

"15 Golden Moments from ESPN's Tonya Harding–Nancy Kerrigan Doc." *Rolling Stone*, January 17, 2014.

Kilduff, Gavin, Adam Galinsky, Edoardo Gallo, and J. Reade. "Whatever It Takes: Rivalry and Unethical Behavior." International Association for Conflict Management, IACM 25th Annual Conference, 2012, 12–14.

Gregory, Martyn. *Dirty Tricks: British Airways' Secret War Against Virgin Atlantic.* New York: Random House, 2010.

Edelman, Benjamin, and Ian Larkin. *Demographics, Career Concerns or Social Comparison: Who Games SSRN Download Counts?* Harvard Business School, 2009.

Dellasega, Cheryl. *Mean Girls Grown Up: Adult Women Who Are Still Queen Bees, Middle Bees, and Afraid-to-Bees.* Hoboken, N.J.: John Wiley & Sons, 2005.

Dunn, Jennifer, Nicole E. Ruedy, and Maurice E. Schweitzer. "It Hurts Both Ways: How Social Comparisons Harm Affective and Cognitive Trust." *Organizational Behavior and Human Decision Processes* 117, no. 1 (2012): 2–14.

Wood, Joanne V., Shelley E. Taylor, and Rosemary R. Lichtman. "Social Comparison in Adjustment to Breast Cancer." *Journal of Personality and Social Psychology* 49, no. 5 (1985): 1169.

Galinsky, Adam D., Thomas Mussweiler, and Victoria Husted Medvec. "Disconnecting Outcomes and Evaluations: The Role of Negotiator Focus." *Journal of Personality and Social Psychology* 83.5, (2002): 1131.

Chapter 2

"HP's Mark Hurd Made $42.5 Million in Fiscal 2008." *Mercury News*, January 20, 2009, http://www.siliconbeat.com/2009/01/20/2522/.

Hardy, Quentin. "Letter Surfaces That Led to Fall of Hewlett's Chief." *New York Times*, December 30, 2011.

Hesseldahl, Arik. " 'Uncomfortable Dance': Here's the Sexual Harassment Letter That Got Mark Hurd Fired." *All Things D*, December 29, 2011.

Jackson, Eric. "Mark Hurd's Excesses Were in Plain Sight." *The Street*, August 7, 2010.

"Mark Hurd's Sex Scandal Letter Emerges." *CNN Money*, December 30, 2011.

Pimentel, Benjamin. "The Rise and Fall of Mark Hurd." *Market Watch*, August 6, 2010.

Russell, Bertrand. *Power: A New Social Analysis*. Routledge, 2004, 4.

Magee, Joe C., and Adam D. Galinsky. "8 Social Hierarchy: The Self-Reinforcing Nature of Power and Status." *The Academy of Management Annals* 2, no. 1 (2008): 351–398.

Galinsky, Adam D., Deborah H. Gruenfeld, and Joe C. Magee. "From Power to Action." *Journal of Personality and Social Psychology* 85, no. 3 (2003): 453.

Carney, Dana R., Amy J. C. Cuddy, and Andy J. Yap. "Power Posing: Brief Nonverbal Displays Affect Neuroendocrine Levels and Risk Tolerance." *Psychological Science* 21, no. 10 (2010): 1363–1368.

Hsu, Dennis Y., Li Huang, Loran F. Nordgren, Derek D. Rucker, and Adam D. Galinsky. "The Music of Power: Perceptual and Behavioral Consequences of Powerful Music." *Social Psychological and Personality Science* 6, no. 1 (2015): 75–83.

Helin, Kurt. "LeBron's Pregame Music: Wu-Tang, Jay-Z and Some DMX." NBC Sports, March 30, 2012.

Galinsky, Adam D., Deborah H. Gruenfeld, and Joe C. Magee. "From Power to Action." *Journal of Personality and Social Psychology* 85, no. 3 (2003): 453.

Ko, Sei Jin, Melody S. Sadler, and Adam D. Galinsky. "The Sound of Power: Conveying and Detecting Hierarchical Rank Through Voice." *Psychological Science* (2014): 0956797614553009.

Boksem, Maarten A. S., Ruud Smolders, and David De Cremer. "Social Power and Approach-Related Neural Activity." *Social Cognitive and Affective Neuroscience* 7, no. 5 (2012): 516–520.

Keltner, Dacher, Deborah H. Gruenfeld, and Cameron Anderson. "Power, Approach, and Inhibition." *Psychological Review* 110, no. 2 (2003): 265.

Carney, Dana R., Andy J. Yap, B. J. Lucas, P. H. Mehta, J. McGee, and C. Wilmuth. "Power Buffers Stress." Working paper (2015).

Jordan, Jennifer, Niro Sivanathan, and Adam D. Galinsky. "Something to Lose and Nothing to Gain: The Role of Stress in the Interactive Effect of Power and Stability on Risk Taking." *Administrative Science Quarterly* 56, no. 4 (2011): 530–558.

Lammers, Joris, David Dubois, Derek D. Rucker, and Adam D. Galinsky. "Power Gets the Job: Priming Power Improves Interview Outcomes." *Journal of Experimental Social Psychology* 49, no. 4 (2013): 776–779.

Kilduff, Gavin J., and Adam D. Galinsky. "From the Ephemeral to the Enduring: How Approach-Oriented Mindsets Lead to Greater Status." *Journal of Personality and Social Psychology* 105, no. 5 (2013): 816.

"Ethan Couch Sentenced to Probation in Crash That Killed 4 After Defense Argued He Had 'Affluenza.'" *The Huffington Post*, December 12, 2012.

Voorhees, Josh. "A Wealthy Teen's Defense for a Deadly Drunken-Driving Crash: 'Affluenza.'" *Slate*, December 12, 2013.

Anderson, Cameron, and Adam D. Galinsky. "Power, Optimism, and Risk-Taking." *European Journal of Social Psychology* 36, no. 4 (2006): 511–536.

Lammers, Joris, Diederik A. Stapel, and Adam D. Galinsky. "Power Increases Hypocrisy: Moralizing in Reasoning, Immorality in Behavior." *Psychological Science* 21, no. 5 (2010): 737–744.

Galinsky, Adam D., Joe C. Magee, M. Ena Inesi, and Deborah H. Gruenfeld. "Power and Perspectives Not Taken." *Psychological Science* 17, no. 12 (2006): 1068–1074.

Muscatell, Keely A., Sylvia A. Morelli, Emily B. Falk, Baldwin M. Way, Jennifer H. Pfeifer, Adam D. Galinsky, Matthew D. Lieberman, Mirella Dapretto, and Naomi I. Eisenberger. "Social Status Modulates Neural Activity in the Mentalizing Network." *Neuroimage* 60, no. 3 (2012): 1771–1777.

Hogeveen, Jeremy, Michael Inzlicht, and Sukhvinder S. Obhi. "Power Changes How the Brain Responds to Others." *Journal of Experimental Psychology: General* 143, no. 2 (2014): 755.

Whitson, Jennifer A., Katie A. Liljenquist, Adam D. Galinsky, Joe C. Magee, Deborah H. Gruenfeld, and Brian Cadena. "The Blind Leading: Power Reduces Awareness of Constraints." *Journal of Experimental Social Psychology* 49, no. 3 (2013): 579–582.

Campbell, Dorothy. "Binocular Vision." *The British Journal of Ophthalmology* 31, no. 6 (1947): 321.

Land, M. F. "The Eyes of Hyperiid Amphipods: Relations of Optical Structure to Depth." *Journal of Comparative Physiology A* 164, no. 6 (1989): 751–762.

Rucker, Derek D., David Dubois, and Adam D. Galinsky. "Generous Paupers and Stingy Princes: Power Drives Consumer Spending on Self Versus Others." *Journal of Consumer Research* 37, no. 6 (2011): 1015–1029.

Piff, Paul K., Michael W. Kraus, Stéphane Côté, Bonnie Hayden Cheng, and Dacher Keltner. "Having Less, Giving More: The Influence of Social Class on Prosocial Behavior." *Journal of Personality and Social Psychology* 99, no. 5 (2010): 771.

Cohan, William D. *House of Cards: A Tale of Hubris and Wretched Excess on Wall Street.* New York: Random House, 2010.

Brion, Sebastien, and Cameron Anderson. "The Loss of Power: How Illusions of Alliance Contribute to Powerholders' Downfall." *Organizational Behavior and Human Decision Processes* 121, no. 1 (2013): 129–139.

"Alexander Haig, Former Secretary of State, Dies." *Journal Now*, February 20, 2010.

"How Haig Is Recasting His Image." New York Times, May 31, 1981.

"The Day Reagan Was Shot." CBSNews.com, April 23, 2001.

Lammers, Joris, Diederik A. Stapel, and Adam D. Galinsky. "Power Increases Hypocrisy: Moralizing in Reasoning, Immorality in Behavior." *Psychological Science* 21, no. 5 (2010): 737–744.

Cogswell, David. "Spitzer Sues Agency for 'Sex Tours'." *Travel Weekly*, August 22, 2003. http://www.travelweekly.com/Travel-News/Travel-Agent-Issues/Spitzer-sues-agency-for-sex-tours-.

Hawn, Carleen. "Eliot Spitzer: Leadership Has No Sacred Cows." *Gigaom*, March 11, 2008.

Richburg, Keith R., "Spitzer Linked to Prostitution Ring by Wiretap." *Washington Post*, March 11, 2008.

"Rod Blagojevich Guilty on Just One Count of 24 in Corruption Trial." *The Guardian*, August 17, 2010.

"Iraq Prison Abuse Scandal Fast Facts." *CNN Library*, November 7, 2014.

Fast, Nathanael J., Nir Halevy, and Adam D. Galinsky. "The Destructive Nature of Power Without Status." *Journal of Experimental Social Psychology* 48, no. 1 (2012): 391–394.

Galinsky, Adam D., Joe C. Magee, Diana Rus, Naomi B. Rothman, and Andrew R. Todd. "Acceleration with Steering: The Synergistic Benefits of Combining Power and Perspective-Taking." *Social Psychological and Personality Science* (2014): 1948550613519685.

Tost, Leigh Plunkett, Francesca Gino, and Richard P. Larrick. "Power, Competitiveness and Advice Taking: Why the Powerful Don't Listen." *Organizational Behavior and Human Decision Processes* 117, no. 1 (2012): 53–65.

Pitesa, Marko, and Stefan Thau. "Masters of the Universe: How Power and Accountability Influence Self-Serving Decisions Under Moral Hazard." *Journal of Applied Psychology* 98, no. 3 (2013): 550.

Vonk, Roos. "The Slime Effect: Suspicion and Dislike of Likeable Behavior Toward Superiors." *Journal of Personality and Social Psychology* 74, no. 4 (1998): 849.

Chapter 3

Schmich, Mary. "What One Word Describes the Rev. Michael Pfleger?" *Chicago Tribune*, April 29, 2011.

"Reverend Pfleger's Biography." The Faith Community of St. Sabina. http://www.saintsabina. org/about-us/our-pastors/senior-pastor-rev-michael-pfleger/rev-pfleger-s-biography.html, accessed   December 6, 2014.

Lutz, B. J. "Pfleger Suspended from St. Sabina." NBC Chicago, April 28, 2011.

"Pfleger Says Return to Pulpit Is 'The Greatest Gift of All.' " CBS Chicago, May 22, 2011.

Hastings, Michael. "The Runaway General." *Rolling Stone*, June 22, 2010.

Lubold, Gordon, and Carol E. Lee. "President Obama: Stanley McChrystal Showed 'Poor Judgment.' " *Politico*, June 22, 2010.

Tautz, Jürgen, and David C. Sandeman. T*he Buzz About Bees: Biology of a Superorganism*. Berlin: Springer, 2008.

Wilson, Edward O. *Success and Dominance in Ecosystems: The Case of the Social Insects*. Oldendorf, Germany: Ecology Institute, 1990.

Garvin, David A. "How Google Sold Its Engineers on Management." *Harvard Business Review* 91, no. 12 (2013): 74–82.

Willer, R. "Groups Reward Individual Sacrifice: The Status Solution to the Collective Action Problem." *American Sociological Review* 74, no. 1 (2009): 23–43.

Friesen, Justin P., Aaron C. Kay, Richard P. Eibach, and Adam D. Galinsky. "Seeking Structure in Social Organization: Compensatory Control and the Psychological Advantages of Hierarchy." *Journal of Personality and Social Psychology* 106, no. 4 (2014): 590–609.

Sales, Stephen M. "Economic Threat as a Determinant of Conversion Rates in Authoritarian and Nonauthoritarian Churches." *Journal of Personality and Social Psychology* 23, no. 3 (1972): 420–428.

Kay, Aaron C., Jennifer A. Whitson, Danielle Gaucher, and Adam D. Galinsky. "Compensatory Control Achieving Order Through the Mind, Our Institutions and the Heavens." *Current Directions in Psychological Science* 18, no. 5 (2009): 264–268.

Gelfand, Michele J., Jana L. Raver, Lisa Nishii, Lisa M. Leslie, Janetta Lun, Beng Chong Lim, Lili Duan, et al. "Differences Between Tight and Loose Cultures: A 33-Nation Study." *Science* 332, no. 6033 (2011): 1100–1104.

Kwaadsteniet, Erik W. de, and Eric van Dijk. "Social Status as a Cue for Tacit Coordination." *Journal of Experimental Social Psychology* 46, no. 3 (2010): 515–524.

Anicich, Eric A., Frederic Godart, Roderick Swaab, and Adam D. Galinsky. "Co-Leadership Kills Ideas and People." Unpublished, 2014.

"LeBron and Wade: Can It Work?" ESPN, October 29, 2010.

Reid, Eric. "On Stage Interview with Wade, Bosh and James." NBA: The Miami Heat, July 9, 2010.

Melanson, Phil. "Miami Heat Troubles." *Outside the Box*, November 29, 2010.

Simmons, Bill. "LeBron Makes LeLeap." *Grantland*, June 25, 2012.

Swaab, Roderick, M. Schaerer, E. Anicich, R. Ronay, and A. D. Galinsky. "The Too-Much-Talent Effect: Team Interdependence Determines When More Talent Is Too Much or Not Enough." *Psychological Science* 25, no. 8 (2014): 1581–1591.

"Questions for Jerry Colangelo." *Wall Street Journal*, August 22, 2008.

Deeter, Baily. "Why Andre Iguodala Will Be the Key to Team USA's Olympic Success." *Bleacher Report*, July 13, 2012.

Groysberg, Boris. *Chasing Stars: The Myth of Talent and the Portability of Performance*. Princeton, N.J.: Princeton University Press, 2012.

Groysberg, Boris, Jeffrey T. Polzer, and Hillary Anger Elfenbein. "Too Many Cooks Spoil the Broth: How High-Status Individuals Decrease Group Effectiveness." *Organization Science* 22, no. 3 (2011): 722–737.

Bendersky, Corinne, and Nicholas A. Hays. "Status Conflict in Groups." *Organization Science* 23, no. 2 (2012): 323–340.

Muir, William M. "Group Selection for Adaptation to Multiple-Hen Cages: Selection Program and Direct Responses." *Poultry Science* 75, no. 4 (1996): 447–458.

Ronay, Richard, Katharine Greenaway, Eric M. Anicich, and Adam D. Galinsky. "The Path to Glory Is Paved with Hierarchy: When Hierarchical Differentiation Increases Group Effectiveness." *Psychological Science* 23, no. 6 (2012): 669–677.

Lutchmaya, Svetlana, Simon Baron-Cohen, Peter Raggatt, Rebecca Knickmeyer, and John

T. Manning. "2nd to 4th Digit Ratios, Fetal Testosterone and Estradiol." *Early Human Development* 77, no. 1 (2004): 23–28.

Bergman, T. J., J. C. Beehner, D. L. Cheney, R. M. Seyfarth, and P. L. Whitten. "Interactions in Male Baboons: The Importance of Both Males' Testosterone." *Behavioral Ecology and Sociobiology* 59, no. 4 (2006): 480–489.

Simmons, Bill. "A-Rod Is a Clubhouse Guy? In a Manner of Speaking, Yes?" ESPN, July 10, 2012.

"Ideas, Not Hierarchy: On Steve Jobs Supposedly Making All Apple Decisions." *The Small Wave*, August 28, 2011.

Scheiber, Noam. "GM's Ex-CEO: Worse Than You Thought." *The New Republic*, October 21, 2009.

"Designed Chaos—An Interview with David Kelley, Founder and CEO of IDEO." Virtual Advisor, Inc., January 1, 2000.

Woolley, Anita Williams, Christopher F. Chabris, Alex Pentland, Nada Hashmi, and Thomas W. Malone. "Evidence for a Collective Intelligence Factor in the Performance of Human Groups." *Science* 330, no. 6004 (2010): 686–688.

"The Man Who Crashed the World." *Vanity Fair*, August 2009.

Lowenstein, Roger. "The Education of Ben Bernanke." *New York Times*, January 20, 2008.

"Top 10 Mistakes Made by U.S. Presidents." *Encyclopedia Britannica Blog*, January 20, 2009.

Stern, Sheldon. "The Cuban Missile Crisis ExComm Meetings: Getting It Right After 50 Years." *History News Network*, October 15, 2012.

Luke, Evan. "The Death Zone: Dangerous Overcrowding on Mount Everest." *News Record*, May 7, 2014.

Bromwich, Kathryn. "Conquering Everest: 60 Facts About the World's Tallest Mountain." *Independent*, May 26, 2013.

Sang-Hun, Choe. "4 Employed by Operator of Doomed South Korean Ferry Are Arrested." *New York Times*, May 6, 2014.

Anicich, Eric M., Roderick I. Swaab, and Adam D. Galinsky. (online) "When Hierarchy Conquers and Kills: Hierarchical Cultural Values Predict Success and Mortality in High-Stakes Teams." *Proceedings of the National Academy of Sciences* 112, no. 5 (2015): 1338–1343.

Schmidle, Nicholas. "Getting Bin Laden." *The New Yorker*, August 8, 2011.

Gawande, Atul. The Checklist Manifesto: *How to Get Things Right*. New York: Metropolitan Books, vol. 200, 2010.

Edmondson, Amy. "Psychological Safety and Learning Behavior in Work Teams." *Administrative Science Quarterly* 44, no. 2 (1999): 350–383.

Cialdini, Robert B. *Influence*. New York: HarperCollins, 1987.

Sutton, Robert I., and Andrew Hargadon. "Brainstorming Groups in Context: Effectiveness in a Product Design Firm." *Administrative Science Quarterly* 41, no. 4 (1996): 685–718.

Chapter 4

"The Big Story: It's Just the Robinson's Family Affair." *Sunday Independent*, August 18, 2014.

Crichton, Torcuil. "Robinson Fights for Political Life Amidst Irisgate Scandal." *Scotland Herald*, January 8, 2010.

Martin, Iain. "The Swish Family Robinson." *Wall Street Journal*, January 12, 2010.

Sachs, Andrea. "A Slap at Sex Stereotypes." *Time*, June 24, 2001.

Price Waterhouse v. Hopkins, 490 U.S. 228, 109 S. Ct. 1775, 104 L. Ed. 2d 268 (1989).

Sandberg, Sheryl, and Nell Scovell. *Lean In: Women, Work, and the Will to Lead*. New York: Alfred A. Knopf, 2013.

Dillon, Sam. "Harvard Chief Defends His Talk on Women." *New York Times*, updated January 20, 2005.

Reis, Harry T., and Bobbi J. Carothers. "Black and White or Shades of Gray: Are Gender Differences Categorical or Dimensional?" *Current Directions in Psychological Science* 23, no. 1 (2014): 19–26.

Rushe, Dominic. "New Census Bureau Survey: Women Earn $11,500 Less Than Men Annually." *The Guardian*, September 17, 2013.

"Statistical Overview of Women in the Workplace." Catalyst.org, March 3, 2014.

Brooks, Alison Wood, Laura Huang, Sarah Wood Kearney, and Fiona E. Murray. "Investors Prefer Entrepreneurial Ventures Pitched by Attractive Men." Proceedings of the *National Academy of Sciences 111*, no. 12 (2014): 4427–4431.

Perry, Mark J. "2013 SAT Test Results Show That a Huge Math Gender Gap Persists with a 32-Point Advantage for High School Boys." American Enterprise Institute, September 26, 2013.

Guiso, Luigi, Ferdinando Monte, Paola Sapienza, and Luigi Zingales. "Culture, Gender, and Math." *Science* 320, no. 5880 (2008): 1164.

Harada, Tokiko, Donna J. Bridge, and Joan Y. Chiao. "Dynamic Social Power Modulates Neural Basis of Math Calculation." *Frontiers in Human Neuroscience* 6 (2012).

Swaab, Roderick I., and Adam D. Galinsky. "Cross-National Variation in Gender Equality Predicts National Soccer Performance." Working paper (2015).

Babcock, Linda, and Sara Laschever. *Women Don't Ask: Negotiation and the Gender Divide*. Princeton, N.J.: Princeton University Press, 2009.

Small, Deborah A., Michele Gelfand, Linda Babcock, and Hilary Gettman. "Who Goes to the Bargaining Table? The Influence of Gender and Framing on the Initiation of Negotiation." *Journal of Personality and Social Psychology* 93, no. 4 (2007): 600.

Magee, Joe C., Adam D. Galinsky, and Deborah H. Gruenfeld. "Power, Propensity to Negotiate, and Moving First in Competitive Interactions." *Personality and Social Psychology Bulletin* 33, no. 2 (2007): 200–212.

Lammers, Joris, Janka I. Stoker, Jennifer Jordan, Monique Pollmann, and Diederik A. Stapel. "Power Increases Infidelity Among Men and Women." *Psychological Science* 22, no. 9 (2011): 1191–1197.

Larson, Selena. "Microsoft CEO Satya Nadella to Women: Don't Ask for a Raise, Trust Karma." *ReadWrite*, October 9, 2014.

Bowles, Hannah Riley, Linda Babcock, and Lei Lai. "Social Incentives for Gender Differences in the Propensity to Initiate Negotiations: Sometimes It Does Hurt to Ask." *Organizational Behavior and Human Decision Processes* 103, no. 1 (2007): 84–103.

Waldman, Katy. "Negotiating While Female: Sometimes It Does Hurt to Ask." Slate, March 17, 2014.

Rudman, Laurie A., and Peter Glick. "Prescriptive Gender Stereotypes and Backlash Toward Agentic Women." *Journal of Social Issues* 57, no. 4 (2001): 743–762.

Gregory, Alex. "But When a Woman Has Someone's Head Cut Off She's a Bitch." New Yorker cartoon, July 9, 2001, http://www.condenaststore.com/-sp/But-when-a-woman-has-someone-s-head-cut-off-she-s-a-bitch-New-Yorker-Cartoon-Prints_i8543544_.htm, accessed January 2, 2015.

Dickerson, John. "In Ruthlessness We Trust." *Slate*, February 11, 2014.

Duguid, Michelle. "Female Tokens in High-Prestige Work Groups: Catalysts or Inhibitors of Group Diversification?" *Organizational Behavior and Human Decision Processes* 116, no. 1 (2011): 104–115.

Duguid, Michelle M. "Consequences of Value Threat: The Influence of Helping Women on Female Solos' Preference for Female Candidates." Working paper (2015).

Ellemers, Naomi, Henriette Heuvel, Dick Gilder, Anne Maass, and Alessandra Bonvini. "The Underrepresentation of Women in Science: Differential Commitment or the Queen Bee Syndrome?" *British Journal of Social Psychology* 43, no. 3 (2004): 315–338.

Kalev, Alexandra, Frank Dobbin, and Erin Kelly. "Best Practices or Best Guesses? Assessing the Efficacy of Corporate Affirmative Action and Diversity Policies." *American Sociological Review* 71, no. 4 (2006): 589–617.

Gender Diversity and Corporate Performance. Credit Suisse Research Institute, August 2012.

Levine, Sheen S., Evan P. Apfelbaum, Mark Bernard, Valerie L. Bartelt, Edward J. Zajac, and David Stark. "Ethnic Diversity Deflates Price Bubbles." *Proceedings of the National Academy of Sciences* 111, no. 52 (2014): 18524–18529.

"PWC Talks: Leaning In, Together with Facebook COO Sheryl Sandberg." *Bob Moritz Interview* (2013).

Brescoll, Victoria L., Erica Dawson, and Eric Luis Uhlmann. "Hard Won and Easily Lost: The Fragile Status of Leaders in Gender-Stereotype-Incongruent Occupations." *Psychological Science* 21, no. 11 (2010): 1640–1642.

Swaab, Roderick I., and Adam D. Galinsky. "Cross-National Variation in Gender Equality Predicts National Soccer Performance." Working paper (2015).

"Gender Empowerment Measure: Countries Compared." *Nation-Master*, http://www.nationmaster.com/country-info/stats/People/ Gender-empowerment-measure, accessed January 3, 2015.

McSmith, Andy. "Closing the Gender Gap: Why Women Now Reign in Spain." *The Independent*, April 16, 2008.

Garbett, Paul. "Spain Win World Cup 2010." *The Telegraph*, July 11, 2010.

Keaten, Jamey. "Alberto Contador Wins the 2010 Tour De France." *The Huffington Post*, July 25, 2010.

Sandberg, Sheryl, and Adam Grant. "Speaking While Female." *New York Times*, January 10, 2015.

Goldin, Claudia, and Cecilia Rouse. "Orchestrating Impartiality: The Impact of 'Blind' Auditions on Female Musicians." *National Bureau of Economic Research* no. 5903 (1997).

Van Biema, David. "My Take: The Mother Teresa You Don't Know." CNN, September 10, 2012.

Lord, Charles G., Mark R. Lepper, and Elizabeth Preston. "Considering the Opposite: A Corrective Strategy for Social Judgment." *Journal of Personality and Social Psychology* 47, no. 6 (1984): 1231.

Bowles, Hannah Riley, Linda Babcock, and Kathleen L. McGinn. "Constraints and Triggers: Situational Mechanics of Gender in Negotiation." *Journal of Personality and Social Psychology* 89, no. 6 (2005): 951.

Amanatullah, Emily T., and Michael W. Morris. "Negotiating Gender Roles: Gender Differences in Assertive Negotiating Are Mediated by Women's Fear of Backlash and Attenuated When Negotiating on Behalf of Others." *Journal of Personality and Social Psychology* 98, no. 2 (2010): 256.

Schneider, Andrea Kupfer, Catherine H. Tinsley, Sandra Cheldelin, and Emily T. Amanatullah. "Likeability V. Competence: The Impossible Choice Faced by Female Politicians, Attenuated by Lawyers." *Duke Journal of Gender Law & Policy* 17 (2010): 363.

Amanatullah, Emily T., and Catherine H. Tinsley. "Negotiating for Us: The Unique Advantage of Us-Advocacy for Female Negotiators." Working paper (2015).

Chapter 5

"A Breakdown of All the Nicknames George W. Bush Gave During His Presidency." *Total Frat Move*, 2014. http://totalfratmove.com/a-breakdown-of-all-the-nicknames-george-w-bush-gave-during-his-presidency/, accessed January 6, 2015.

"Bye-Bye Landslide & Fredo." *Parade*, September 30, 2007.

"Deep Inside the Bush White House." *BusinessWeek*, February 18, 2003.

Gavin, Patrick. "Tony Blair: George Bush Was No 'Dumb Idiot.' " *Politico*, updated September 2, 2010.

"Girl, 13, Who Hanged Herself Days After Text Calling Her a 'Slut' Was Forwarded to Girls at Her School 'Sent the Message Herself,' " *The Daily Mail*, updated May 10, 2012.

"Call Sign Generator." Top Gun Day RSS. http://www.topgunday.com/call-sign-generator/, accessed November 6, 2014.

"Romantic Nicknames." Lovingyou.com: Romance 101. http://archive.lovingyou.com/content/romance/romance10-content.php?ART=nicknames, accessed October 14, 2014.

Gormley, Beatrice. *Laura Bush: America's First Lady*. New York: Simon & Schuster, 2010, 89.

Little, Lyneka. "Fired Iowa Civil Rights Investigators Nicknamed Co-workers 'Psycho' and 'Rainman.' " ABC News, August 24, 2011.

Haskins, Charles Homer. *The Renaissance of the Twelfth Century*. Vol. 14. Cambridge, Massachusetts: Harvard University Press, 1957.

Harmon-Jones, Cindy, Brandon J. Schmeichel, and Eddie Harmon-Jones. "Symbolic Self-Completion in Academia: Evidence from Department Web Pages and Email Signature Files." *European Journal of Social Psychology* 39, no. 2 (2009): 311–316.

Berry, Carlotta. "They Call Me Doctor Berry." *New York Times*, November 1, 2014.

Mullen, Brian, and Joshua M. Smyth. "Immigrant Suicide Rates as a Function of Ethnophaulisms: Hate Speech Predicts Death." *Psychosomatic Medicine* 66, no. 3 (2004): 343–348.

Mullen, Brian, and Diana R. Rice. "Ethnophaulisms and Exclusion: The Behavioral Consequences of Cognitive Representation of Ethnic Immigrant Groups." *Personality and Social Psychology Bulletin* 29, no. 8 (2003): 1056–1067.

Mullen, Brian. "Ethnophaulisms for Ethnic Immigrant Groups." *Journal of Social Issues* 57, no. 3

(2001): 457–475.

Peters, William. A Class Divided: *Then and Now* (Expanded ed.). New Haven, Connecticut: Yale University Press, 1987.

Zimbardo, Philip. *The Lucifer Effect: Understanding How Good People Turn Evil*. New York: Random House, 2007.

McFadden, Cynthia, and Jake Whitman. "Sheryl Sandberg Launches 'Ban Bossy' Campaign to Empower Girls to Lead." ABC News, March 10, 2014.

"Bossy Doesn't Have to Be a Bad Word." *Slate*, March 10, 2014.

"Change It Up: What Girls Say About Redefining Leadership." *Girl Scout Research Institute*, 2008, http://www.girlscouts.org/research/pdf/change_it_up_executive_summary_english.pdf.

Plotz, David. "The Washington ********. Why Slate Will No Longer Refer to Washington's NFL Team as the Redskins." *Slate*, August 8, 2013.

"The Invention of the Chilean Sea Bass." *Priceonomics*, April 28, 2014.

Schwartz, John. "Philip Morris to Change Name to Altria." *New York Times*, November 16, 2001.

Nelson, Amy K. "Finding Jeff Gillooly: What Happened to Figure Skating's Infamous Villain?" *Deadspin*, December 13, 2013.

Adamu, Zaina. "Matt Sandusky Files Motion to Have Name Changed." CNN, updated July 18, 2013.

Ramos, Zuania. "Bruno Mars Confesses Why He Changed His Hispanic Last Name." *The Huffington Post*, March 20, 2013.

Ball, Molly. "The Agony of Frank Luntz." *The Atlantic*, January 6, 2014.

Galinsky, Adam D., Cynthia S. Wang, Jennifer A. Whitson, Eric M. Anicich, Kurt Hugenberg, and Galen V. Bodenhausen. "The Reappropriation of Stigmatizing Labels: The Reciprocal Relationship Between Power and Self-Labeling." *Psychological Science* 24 (2013): 2020–2029.

Gibson, Megan. "Will SlutWalks Change the Meaning of the Word Slut?" *Time*, August 12, 2011.

Talbot, Margaret. "Don't Ban 'Bossy.' " *The New Yorker*, March 13, 2014.

Jackson, David. "Obama Embraces the Term 'Obamacare.' " *USA Today*, August 9, 2012.

Branstetter, Ziva. "Symbol Has Its Ups and Downs." Philly.com, June 10, 1993.

Whitson, Jennifer A., Eric M. Anicich, Cynthia S. Wang, and Adam D. Galinsky. "Group Identification as a Cause, Consequence, and Moderator of Self-Labeling with a Stigmatizing Label." Working paper (2015).

Hallowell, Billy. " 'An Evil Little Thing': Atheists Slam RI State Rep's Comments About Teen Behind Prayer Mural Ban." *The Blaze*, January 17, 2012.

Greenberg, Chris. "Olympic Rings Fail Joke: Sochi Closing Ceremony Includes Nod to Lighting Flub." *The Huffington Post*, February 23, 2014.

Bayless, Skip. "It's Time to Let the N-Word Die." ESPN, November 15, 2013.

Browne, Rembert. "Saying the Word the NFL Doesn't Want to Hear." *Grantland*, February 28, 2014.

"'Chink in the Armor' Fallout: Fired ESPN Employee Writes Long Apology." *Gothamist*, February 22, 2012.

Ferrazzi, Keith. *Who's Got Your Back: The Breakthrough Program to Build Deep, Trusting Relationships That Create Success—and Won't Let You Fail.* New York: Random House, 2009.

Liberman, Varda, Steven M. Samuels, and Lee Ross. "The Name of the Game: Predictive Power of Reputations Versus Situational Labels in Determining Prisoner's Dilemma Game Moves." *Personality and Social Psychology Bulletin* 30, no. 9 (2004): 1175–1185.

Brooks, Alison Wood. "Get Excited: Reappraising Pre-Performance Anxiety as Excitement." *Journal of Experimental Psychology: General* 143, no. 3 (June 2014): 1144–1158.

Lieberman, Matthew D., Naomi I. Eisenberger, Molly J. Crockett, Sabrina M. Tom, Jennifer H. Pfeifer, and Baldwin M. Way. "Putting Feelings into Words: Affect Labeling Disrupts Amygdala Activity in Response to Affective Stimuli." *Psychological Science* 18, no. 5 (2007): 421–428.

Chapter 6

Patterson, Thom. "3 Steps to Make a Murderer Confess." CNN, updated March 28, 2014.

Greenfield, Beth. "Wife of Millionaire Wins 'Unprecedented' Case to Overturn Prenup Agreement." Yahoo! News, March 12, 2013.

Suarez, Joanna. "Long Island Woman Wins 'Groundbreaking' Prenup Battle." ABC News, March 11, 2013.

Fukuyama, Francis. *Trust: The Social Virtues and the Creation of Prosperity.* New York: Free Press, 1995.

Zak, Paul J., and Stephen Knack. "Trust and Growth." *The Economic Journal* 111, no. 470 (2001): 295–321.

Cuddy, Amy, and Nithyasri Sharma. "Congressional Candidate Ron Klein and KNP Communications." *Harvard Business School*, December 11, 2009.

Fiske, Susan T., Amy J. C. Cuddy, and Peter Glick. "Universal Dimensions of Social Cognition: Warmth and Competence." *Trends in Cognitive Sciences* 11, no. 2 (2007): 77–83.

"List of U.S. Presidents and Their Dogs." *Dog Time*. January 11, 2010. http://dogtime.com/listof-us-presidents-and-their-dogs.html.

Brooks, Alison Wood, Hengchen Dai, and Maurice E. Schweitzer. "I'm Sorry About the Rain! Superfluous Apologies Demonstrate Empathic Concern and Increase Trust." *Social Psychological and Personality Science* 5, no. 4 (2014): 467–474.

Levine, Ross. "Law, Finance, and Economic Growth." *Journal of Financial Intermediation* 8, no. 1 (1999): 8–35.

Horan, Richard D., Erwin Bulte, and Jason F. Shogren. "How Trade Saved Humanity from Biological Exclusion: An Economic Theory of Neanderthal Extinction." *Journal of Economic Behavior & Organization* 58, no. 1 (2005): 1–29.

Miner, Michael. "The Greater of Two Evils." *Chicago Reader,* January 31, 2008.

Schmadeke, Steve. "After 26 Years, a Taste of Freedom." *Chicago Tribune,* April 19, 2008.

Aronson, Elliot, Ben Willerman, and Joanne Floyd. "The Effect of a Pratfall on Increasing Interpersonal Attractiveness." *Psychonomic Science,* no. 4(6) (1966): 227–228.

Galinsky, Adam D., and Maurice E. Schweitzer. "Think Before You Drink: Alcohol and Negotiations." *Negotiation,* no. 10(7), (2007): 4–6.

Chollet, Derek. *The Road to the Dayton Accords: A Study of American Statecraft.* New York: Palgrave Macmillan, 2005, 165–167.

Malhotra, Deepak, and J. Keith Murnighan. "The Effects of Contracts on Interpersonal Trust." *Administrative Science Quarterly* 47, no. 3 (2002): 534–559.

Elliott, Andrea. "The Jihadist Next Door." *New York Times,* January 27, 2010.

Taher, Abdul. "The Middle-Class Terrorists: More Than 60pc of Suspects Are Well Educated and from Comfortable Backgrounds, Says Secret MI5 File." *The Daily Mail,* updated October 15, 2011.

Sageman, Marc. *Understanding Terror Networks.* Philadelphia: University of Pennsylvania Press, 2004.

Tajfel, Henri, Michael G. Billig, Robert P. Bundy, and Claude Flament. "Social Categorization and Intergroup Behaviour." *European Journal of Social Psychology* 1, no. 2 (1971): 149–178.

Cohen, Taya R., R. Matthew Montoya, and Chester A. Insko. "Group Morality and Intergroup Relations: Cross-Cultural and Experimental Evidence." *Personality and Social Psychology Bulletin* 32, no. 11 (2006): 1559–1572.

Lengel, Edward. *General George Washington: A Military Life.* New York: Random House Trade Paperbacks, 2005.

"Lieutenant Colonel George Washington Begins the Seven Years' War." History.com, May 28, 2009. http://www.history.com/this-day-in-history/lieutenant-colonel-george-washingtonbegins-the-seven-years-war.

Kollock, Peter. "The Emergence of Exchange Structures: An Experimental Study of Uncertainty, Commitment, and Trust." *American Journal of Sociology* (1994): 313–345.

Seul, Min Ki. "1950–1959: When Nike Breathed Its First Breath, It Inhaled the Spirit of Two Men." *Stony Brook University Digication*, accessed January 6, 2015.

Feinberg, Matthew, Robb Willer, and Michael Schultz. "Gossip and Ostracism Promote Cooperation in Groups." *Psychological Science* 25, no. 3 (2014): 656–664.

Chapter 7

Bilefsky, Dan. "A Revenge Plot So Intricate, the Prosecutors Were Pawns." *New York Times*, July 25, 2011.

Bilefsky, Dan. "Man Guilty of Raping Ex-Girlfriend and Then Framing Her." *New York Times*, November 23, 2011.

Stump, Scott. "Woman Framed by Boyfriend: Police 'Didn't Do Their Job.' " *Today News*, updated April 6, 2012.

Pearce, John M. *Animal Learning and Cognition: An Introduction*. 3rd edition. London: Taylor & Francis, 2008.

Feldman, Robert S., James A. Forrest, and Benjamin R. Happ. "Self-Presentation and Verbal Deception: Do Self-Presenters Lie More?" *Basic and Applied Social Psychology* 24, no. 2 (2002): 163–170.

Hancock, Jeffrey T., Catalina Toma, and Nicole Ellison. "The Truth About Lying in Online Dating Profiles." *Proceedings of the SIGCHI Conference on Human Factors in Computing Systems*, 449–452. ACM, 2007.

Mazar, Nina, and Dan Ariely. "Dishonesty in Everyday Life and Its Policy Implications." *Journal of Public Policy & Marketing* 25, no. 1 (2006): 117–126.

"Britney Gets a Lighter with Five Finger Discount!" *TMZ*, December 8, 2007.

Finn, Robin. "TENNIS; Shoplifting an Accident, Capriati Says of Charge." *New York Times*, December 11, 1993.

Young, C. "Winona Ryder Busted for Shoplifting." *People*, December 14, 2001.

Abagnale, Frank W., and Stan Redding. *Catch Me If You Can*. New York: Random House, 2002.

Ruedy, Nicole E., Cecilia Moore, Francesca Gino, and Maurice E. Schweitzer. "The Cheater's High: The Unexpected Affective Benefits of Unethical Behavior." *Journal of Personality and Social Psychology* 105, no. 4 (October 2013): 531–548.

Gino, Francesca, Maurice E. Schweitzer, Nicole L. Mead, and Dan Ariely. "Unable to Resist

Temptation: How Self-Control Depletion Promotes Unethical Behavior." *Organizational Behavior and Human Decision Processes* 115, no. 2 (2011): 191–203.

Levine, Emma E., and Maurice E. Schweitzer. "Are Liars Ethical? On the Tension Between Benevolence and Honesty." *Journal of Experimental Social Psychology* 53 (2014): 107–117.

Fragale, Alison R., V. Kay, and Francesca Gino. "Lie to Me: Excuse Recipients Prefer Legitimacy over Truthfulness." Working paper (2015).

Iezzoni, Lisa I., Sowmya R. Rao, Catherine M. DesRoches, Christine Vogeli, and Eric G. Campbell. "Survey Shows That at Least Some Physicians Are Not Always Open or Honest with Patients." *Health Affairs* 31, no. 2 (2012): 383–391.

Coenen, Tracy. "Fraud Files: With Madoff, There Were Many Red Flags." *Daily Finance*, updated April 13, 2010.

Zuckoff, Mitchell. "The Perfect Mark: How a Massachusetts Psychotherapist Fell for a Nigerian E-mail Scam." *The New Yorker*, May 15, 2006.

Slepian, Michael L., Steven G. Young, Abraham M. Rutchick, and Nalini Ambady. "Quality of Professional Players' Poker Hands Is Perceived Accurately from Arm Motions." *Psychological Science* 24, no. 11 (2013): 2335–2338.

Minson, Julia A., and Maurice E. Schweitzer. "Ask (the Right Way) and You Shall Receive: The Effect of Question Type on Information Disclosure and Deception." Working paper (2015).

Notebook Entry, January or February 1894, *Mark Twain's Notebook*, ed. Albert Bigelow Paine (1935), 240.

Vrij, Aldert, et al. "Increasing Cognitive Load to Facilitate Lie Detection: The Benefit of Recalling an Event in Reverse Order." *Law and Human Behavior* 32, no. 3 (2008): 253.

"Scott Peterson Sells Missing Wife's Car." ABC News, February 4, 2003.

Nesse, Randolph M. "Fear and Fitness: An Evolutionary Analysis of Anxiety Disorders." *Ethology and Sociobiology* 15, no. 5 (1994): 247–261.

"What Clinton Said." *Washington* Post. http://www.washingtonpost.com/wp-srv/politics/special/clinton/stories/whatclintonsaid.htm, accessed January 4, 2015.

DePaulo, Bella M., and Wendy L. Morris. "Discerning Lies from Truths: Behavioural Cues to Deception and the Indirect Pathway of Intuition." *The Detection of Deception in Forensic Contexts* (2004): 15–40.

Simonsohn, Uri. "Just Post It: The Lesson from Two Cases of Fabricated Data Detected by Statistics Alone." *Psychological Science* 24, no. 10 (2013): 1875–1888.

"Track Star Marion Jones Pleads Guilty to Doping Deception." CNN, updated October 5, 2007.

Benson, Pam, and Jeanne Meserve. "Report: Key Information on CIA Base Bomber Wasn't

Relayed." CNN, October 19, 2010.

DeYoung, Karen, and Walter Pincus. "Success Against Al-Qaeda." *Washington Post*, September 30, 2009.

Finn, Peter, and Joby Warrick. "In Afghanistan Attack, CIA Fell Victim to Series of Miscalculations About Informant." *Washington Post, January* 16, 2010.

Chapter 8

Landro, Laura. "Hospitals Own Up to Errors." *Wall Street Journal*, August 25, 2009.

"National Practitioner Data Bank 2006 Annual Report." U.S. Department of Health and Human Services, 2006. http://www.npdb.hrsa.gov/resources/reports/2006NPDBAnnualReport.pdf.

"The Fall of Andersen." *Chicago Tribune*, September 1, 2002.

Barbaro, Michael, and David W. Chen. "Spitzer Rejoins Politics, Asking for Forgiveness." New *York Times*, July 7, 2013.

"Stewart Found Guilty on All Counts in Obstruction Trial." *CNN Money*, March 10, 2004.

Hays, Constance, and Leslie Eaton. "Stewart Found Guilty of Lying in Sale of Stock." *New York Times*, March 5, 2004.

Collins, Scott. "Letterman Blackmail Scandal Boosts Ratings 22%." *Los Angeles* Times, October 2, 2009.

Hylen, Stacey. "Lessons from the Ritz." BusinessOptimizerCoach.com, August 11, 2010.

Denove, Chris, and James D. Power IV. "How a Recall Earned Lexus a Top Reputation." *Automotive News*, March 27, 2006.

Abeler, Johannes, Juljana Calaki, Kai Andree, and Christoph Basek. "The Power of Apology." *Economics Letters* 107, no. 2 (2010): 233–235.

Reed, Dan. "Southwest's 'Goodwill' Should Keep Fliers." *USA Today*, updated December 12, 2005.

Schmeltzer, John. "Southwest Response Called Swift, Caring." *Chicago Tribune*, December 10, 2005.

Rothman, Wilson. "Apple Gives Free Bumpers to All iPhone 4 Owners." NBC News, July 16, 2010.

Warren, Christina. "Apple Sells 3 Million iPhone 4 Units in Three Weeks." *Mashable*, July 16, 2010.

Manjoo, Farhad. "Here's Your Free Case, Jerk." *Slate*, July 16, 2010.

Oliver, Sam. "Apple's $15 Settlement Checks for iPhone 4 'Antennagate' Begin Arriving." *Appleinsider*, April 23, 2013.

Helmore, Edward. "The Writer, the Accident, and a Lonely End." *The Guardian*, September 30, 2000.

Schweitzer, Maurice E., John C. Hershey, and Eric T. Bradlow. "Promises and Lies: Restoring Violated Trust." *Organizational Behavior and Human Decision Processes* 101, no. 1 (2006): 1–19.

De Waal, Frans B. M. *Peacemaking Among Primates*. Cambridge, Massachusetts: Harvard University Press, 1989, 22.

Goffman, E. *The Presentation of Self in Everyday Life*. New York: Anchor, 1959.

Camerer, Colin. Negotiation Lecture at the Wharton School and Conversation with Maurice Schweitzer, Fall 1990.

Okimoto, Tyler G., Michael Wenzel, and Kyli Hedrick. "Refusing to Apologize Can Have Psychological Benefits (and We Issue No Mea Culpa for This Research Finding)." *European Journal of Social Psychology* 43, no. 1 (2013): 22–31.

Chapter 9

Reiss, Diana, and Lori Marino. "Mirror Self-Recognition in the Bottlenose Dolphin: A Case of Cognitive Convergence." *Proceedings of the National Academy of Sciences* 98, no. 10 (2001): 5937–5942.

Piaget, Jean, and Bärbel Inhelder. *The Psychology of the Child*. New York: Basic Books, 1969.

Squires, Jennifer. "Man Claiming to Have a Bomb in Watsonville Bank Gets Talked into Filling Out Loan Paperwork, Then Arrested." *Santa Cruz Sentinel*, September 9, 2010.

Galinsky, Adam D., William W. Maddux, Debra Gilin, and Judith B. White. "Why It Pays to Get Inside the Head of Your Opponent: The Differential Effects of Perspective Taking and Empathy in Negotiations." *Psychological Science* 19, no. 4 (2008): 378–384.

Sebenius, James K. "Six Habits of Merely Effective Negotiators." *Harvard Business Review* 79, no. 4 (2001): 87–97.

Coren, Stanley. "Do People Look Like Their Dogs?" *Anthrozoos: A Multidisciplinary Journal of the Interactions of People & Animals* 12, no. 2 (1999): 111–114.

Zajonc, Robert B., Pamela K. Adelmann, Sheila T. Murphy, and Paula M. Niedenthal. "Convergence in the Physical Appearance of Spouses." *Motivation and Emotion* 11, no. 4 (1987): 335–346.

Neal, David T., and Tanya L. Chartrand. "Embodied Emotion Perception: Amplifying and Dampening Facial Feedback Modulates Emotion Perception Accuracy." *Social Psychological and Personality Science* 2, no. 6 (2011): 673–678.

Chartrand, Tanya L., and John A. Bargh. "The Chameleon Effect: The Perception–Behavior Link and Social Interaction." *Journal of Personality and Social Psychology* 76, no. 6 (1999): 893.

Sanchez-Burks, Jeffrey, Caroline A. Bartel, and Sally Blount. "Performance in Intercultural Interactions at Work: Cross-Cultural Differences in Response to Behavioral Mirroring." *Journal of Applied Psychology* 94, no. 1 (2009): 216.

Maddux, William W., Elizabeth Mullen, and Adam D. Galinsky. "Chameleons Bake Bigger Pies and Take Bigger Pieces: Strategic Behavioral Mimicry Facilitates Negotiation Outcomes." *Journal of Experimental Social Psychology* 44, no. 2 (2008): 461–468.

Van Baaren, Rick B., Rob W. Holland, Kerry Kawakami, and Ad Van Knippenberg. "Mimicry and Prosocial Behavior." *Psychological Science* 15, no. 1 (2004): 71–74.

Swaab, Roderick I., William W. Maddux, and Marwan Sinaceur. "Early Words That Work: When and How Virtual Linguistic Mimicry Facilitates Negotiation Outcomes." *Journal of Experimental Social Psychology* 47, no. 3 (2011): 616–621.

Romero, Daniel, Brian Uzzi, Roderick I. Swaab, and Adam D. Galinsky. "Mimicry Is Presidential: Linguistic Style Matching and Improved Polling Numbers." *Personality and Social Psychology Bulletin* (In press).

Wagner, Eric T. "Five Reasons 8 out of 10 Businesses Fail." *Forbes*, September 12, 2013.

Moore, Don A., John M. Oesch, and Charlene Zietsma. "What Competition? Myopic Self-Focus in Market-Entry Decisions." *Organization Science* 18, no. 3 (2007): 440–454.

Jeffries, Stuart. "Flying High." *The Guardian*, September 3, 2007.

Santoso, Alex. "5 Dubious Moments in Olympics History." *Neatorama*, August 21, 2008.

Simonsohn, Uri. "eBay's Crowded Evenings: Competition Neglect in Market Entry Decisions." *Management Science* 56, no. 7 (2010): 1060–1073.

Liljenquist, Katie A., and Adam D. Galinsky. "Turn Your Adversary into Your Advocate." *Negotiation Newsletter* 10 (2007): 4–6.

Brooks, Alison Wood, Francesca Gino, and Maurice E. Schweitzer. "Smart People Ask for (My) Advice: Seeking Advice Boosts Perceptions of Competence." *Management Science* (2015).

Baer, Markus, and Graham Brown. "Blind in One Eye: How Psychological Ownership of Ideas Affects the Types of Suggestions People Adopt." *Organizational Behavior and Human Decision Processes* 118, no. 1 (2012): 60–71.

Parker, Ryan. "Five Injured by Turbulence on Flight from Denver to Billings." *Denver Post*, February 17, 2014.

Lublin, Joann S. "Bosses' Small Gestures Send Big Signals." *Wall Street Journal*, December 2, 2010.

Ford, Dana. "Samuel L. Jackson Scolds Reporter: 'I'm Not Laurence Fishburne!' " CNN, updated

February 10, 2014.

Ryland, Amber. "Paula Deen Admits Using the N-Word & Making Racial Jokes in Explosive Deposition." *Radar Online*, June 18, 2013.

Norton, Michael I., Samuel R. Sommers, Evan P. Apfelbaum, Natassia Pura, and Dan Ariely. "Color Blindness and Interracial Interaction: Playing the Political Correctness Game." *Psychological Science* 17, no. 11 (2006): 949–953.

Apfelbaum, Evan P., Samuel R. Sommers, and Michael I. Norton. "Seeing Race and Seeming Racist? Evaluating Strategic Colorblindness in Social Interaction." *Journal of Personality and Social Psychology* 95, no. 4 (2008): 918.

Wegner, Daniel M., David J. Schneider, Samuel R. Carter, and Teri L. White. "Paradoxical Effects of Thought Suppression." *Journal of Personality and Social Psychology* 53, no. 1 (1987): 5.

Galinsky, Adam D., and Gordon B. Moskowitz. "Perspective-Taking: Decreasing Stereotype Expression, Stereotype Accessibility, and In-Group Favoritism." *Journal of Personality and Social Psychology* 78, no. 4 (2000): 708.

Todd, Andrew R., Galen V. Bodenhausen, Jennifer A. Richeson, and Adam D. Galinsky. "Perspective Taking Combats Automatic Expressions of Racial Bias." *Journal of Personality and Social Psychology* 100, no. 6 (2011): 1027.

Blatt, Benjamin, Susan F. LeLacheur, Adam D. Galinsky, Samuel J. Simmens, and Larrie Greenberg. "Does Perspective-Taking Increase Patient Satisfaction in Medical Encounters?" *Academic Medicine* 85, no. 9 (2010): 1445–1452.

Long, Edgar, and David W. Andrews. "Perspective Taking as a Predictor of Marital Adjustment." *Journal of Personality and Social Psychology* 59, no. 1 (1990): 126.

Long, Edgar. "Maintaining a Stable Marriage: Perspective Taking as a Predictor of a Propensity to Divorce." *Journal of Divorce & Remarriage* 21, no. 1–2 (1994): 121–138.

Pierce, Jason R., Gavin J. Kilduff, Adam D. Galinsky, and Niro Sivanathan. "From Glue to Gasoline: How Competition Turns Perspective Takers Unethical." *Psychological Science* (2013): 0956797613482144.

Glad, Betty, and Olin D. Johnston. "Carter's Greatest Legacy: The Camp David Negotiations." PBS, updated November 11, 2002.

Swaab, Roderick I., Adam D. Galinsky, Victoria Medvec, and Daniel A. Diermeier. "The Communication Orientation Model: Explaining the Diverse Effects of Sight, Sound, and Synchronicity on Negotiation and Group Decision-Making Outcomes." *Personality and Social Psychology Review* 16, no. 1 (2012): 25–53.

Chapter 10

Seelye, Katharine. "Enigmatic Jobless Man Prepares Senate Campaign." *New York Times*, July 10, 2010.

Krosnick, Jon A., Joanne M. Miller, and Michael P. Tichy. "An Unrecognized Need for Ballot Reform: Effects of Candidate Name Order." *Rethinking the Vote: The Politics and Prospects of American Election Reform*, edited by Ann N. Crigler, Marion R. Just, and Edward J. McCaffery. New York: Oxford University Press, 2004.

"Bush Claims Victory; Gore Fights On." ABC News, November 26, 2000.

Danziger, Shai, Jonathan Levav, and Liora Avnaim-Pesso. "Extraneous Factors in Judicial Decisions." *Proceedings of the National Academy of Sciences* 108, no. 17 (2011): 6889–6892.

Bruine de Bruin, Wändi. "Save the Last Dance for Me: Unwanted Serial Position Effects in Jury Evaluations." *Acta Psychologica* 118, no. 3 (2005): 245–260.

Page, Lionel, and Katie Page. "Last Shall Be First: A Field Study of Biases in Sequential Performance Evaluation on the Idol Series." *Journal of Economic Behavior & Organization* 73, no. 2 (2010): 186–198.

"Lysacek Wins Gold, but Debate Rages." ESPN, February 19, 2010.

Carney, Dana R., and Mahzarin R. Banaji. "First Is Best." *PlOS One* 7, no. 6 (2012): e35088.

Mantonakis, Antonia, Pauline Rodero, Isabelle Lesschaeve, and Reid Hastie. "Order in Choice Effects of Serial Position on Preferences." *Psychological Science* 20, no. 11 (2009): 1309–1312.

Krueger, D. "And the Last Shall Be First: Zero Position Effect in Martial Arts Competition." Working paper (2008).

Tversky, Amos, and Daniel Kahneman. "Judgment Under Uncertainty: Heuristics and Biases." *Science* 185, no. 4157 (1974): 1124–1131.

Loschelder, David D., Roderick I. Swaab, Roman Trötschel, and Adam D. Galinsky. "The First-Mover Disadvantage: The Folly of Revealing Compatible Preferences." *Psychological Science* (2014): 0956797613520168.

Strack, Fritz, and Thomas Mussweiler. "Explaining the Enigmatic Anchoring Effect: Mechanisms of Selective Accessibility." *Journal of Personality and Social Psychology* 73, no. 3 (1997): 437.

Galinsky, Adam D., and Thomas Mussweiler. "First Offers as Anchors: The Role of Perspective-Taking and Negotiator Focus." *Journal of Personality and Social Psychology* 81, no. 4 (2001): 657.

Gunia, Brian C., Roderick I. Swaab, Niro Sivanathan, and Adam D. Galinsky. "The Remarkable Robustness of the First-Offer Effect: Across Cultures, Power, and Issues." *Personality and Social Psychology Bulletin* 39 (2013): 1547–1558.

Dell, Donald, and John Boswell. *Never Make the First Offer (Except When You Should): Wisdom from a Master Dealmaker.* New York: Portfolio/ Penguin, 2009.

McCannon, Bryan C., and John B. Stevens. "Deal Making in Pawn Stars: Testing Theories of Bargaining." *JNABET* 2 (2013): 62.

Wiley, Elizabeth A., Malia F. Mason, and Adam D. Galinsky. "When Going First Leaves You with Less." Working paper (2015).

Loschelder, David D., Roderick I. Swaab, Roman Trötschel, and Adam D. Galinsky. "The First-Mover Disadvantage: The Folly of Revealing Compatible Preferences." *Psychological Science* 25, no. 4 (2014): 954–962.

Sinaceur, Marwan, William W. Maddux, Dimitri Vasiljevic, Ricardo Perez Nückel, and Adam D. Galinsky. "Good Things Come to Those Who Wait: Late First Offers Facilitate Creative Agreements in Negotiation." *Personality and Social Psychology Bulletin* 39, no. 6 (2013): 814–825.

Bowles, Hannah Riley, Linda Babcock, and Lei Lai. "Social Incentives for Gender Differences in the Propensity to Initiate Negotiations: Sometimes It Does Hurt to Ask." *Organizational Behavior and Human Decision Processes* 103, no. 1 (2007): 84–103.

Northcraft, Gregory B., and Margaret A. Neale. "Experts, Amateurs, and Real Estate: An Anchoring-and-Adjustment Perspective on Property Pricing Decisions." *Organizational Behavior and Human Decision Processes* 39, no. 1 (1987): 84–97.

Mussweiler, Thomas, Fritz Strack, and Tim Pfeiffer. "Overcoming the Inevitable Anchoring Effect: Considering the Opposite Compensates for Selective Accessibility." *Personality and Social Psychology Bulletin* 26, no. 9 (2000): 1142–1150.

Galinsky, Adam D. "Should You Make the First Offer?" *Negotiation* 7 (2004): 1–4.

"Debt Ceiling: Timeline of Deal's Development." CNN, August 2, 2011.

Chait, Jonathan. "Obama's Dangerous Credibility Problem." *The New Republic*, July 6, 2011.

Mason, Malia F., Alice J. Lee, Elizabeth A. Wiley, and Daniel R. Ames. "Precise Offers Are Potent Anchors: Conciliatory Counteroffers and Attributions of Knowledge in Negotiations." *Journal of Experimental Social Psychology* 49, no. 4 (2013): 759–63.

Jerez-Fernandez, Alexandra, Ashley N. Angulo, and Daniel M. Oppenheimer. "Show Me the Numbers: Precision as a Cue to Others' Confidence." *Psychological Science* 25, no. 2 (2014): 633–635.

Loschelder, David D., Johannes Stuppi, and Roman Trötschel. " '€14,875?!': Precision Boosts the Anchoring Potency of First Offers." *Social Psychological and Personality Science* 5, no. 4 (2014): 491–499.

Lee, Alice, David D. Loschelder, Malia F. Mason, Martin Schweinsberg, and Adam. D. Galinsky.

"Precise First Offers Create Barriers to Entry." Working paper (2015).

Ames, Daniel R., and Malia F. Mason. "Tandem Anchoring: Informational and Politeness Effects of Range Offers in Social Exchange." *Journal of Personality and Social Psychology* 108.2 (2015): 254.

Leonardelli, Geoffrey, Jun Gu, Geordie McRuer, Adam D. Galinsky, Victoria Husted Medvec. "Negotiating with a Velvet Hammer: Multiple Equivalent Simultaneous Offers." Working paper (2015).

Schweinsberg, Martin, Gillian Ku, Cynthia S. Wang, and Madan M. Pillutla. "Starting High and Ending with Nothing: The Role of Anchors and Power in Negotiations." *Journal of Experimental Social Psychology* 48, no. 1 (2012): 226–231.

Chapter 11

Santich, Kate. "Hey, Bob Dole, You Missed a Great VP Candidate." *Orlando Sentinel*, September 8, 1996.

"Discussions with Officer Angel Calzadilla." *Miami Herald*, August 5, 1996.

Kahneman, Daniel, Barbara L. Fredrickson, Charles A. Schreiber, and Donald A. Redelmeier. "When More Pain Is Preferred to Less: Adding a Better End." *Psychological Science* 4, no. 6 (1993): 401–405.

Redelmeier, Donald A., Joel Katz, and Daniel Kahneman. "Memories of Colonoscopy: A Randomized Trial." *Pain* 104, no. 1 (2003): 187–194.

Thompson, Leigh, Kathleen L. Valley, and Roderick M. Kramer. "The Bittersweet Feeling of Success: An Examination of Social Perception in Negotiation." *Journal of Experimental Social Psychology* 31, no. 6 (1995): 467–492.

Walsh, Colleen. "Wise Negotiator." *Harvard Gazette*, April 4, 2012.

Galinsky, Adam D., Vanessa L. Seiden, Peter H. Kim, and Victoria Husted Medvec. "The Dissatisfaction of Having Your First Offer Accepted: The Role of Counterfactual Thinking in Negotiations." *Personality and Social Psychology Bulletin* 28, no. 2 (2002): 271–283.

朋友與敵人——哥倫比亞大學╳華頓商學院聯手，教你掌握合作與競爭之間的張力，當更好的盟友與更令人敬畏的對手（暢銷新裝版）／亞當‧賈林斯基 Adam Galinsky、莫里斯‧史威瑟 Maurice Schweitzer 著；許恬寧譯 . -- 二版 . -- 台北市：時報文化，2023.12；384 面；14.8 ╳ 21 公分

譯自：Friend & Foe: When to Cooperate, When to Compete, and How to Succeed at Both

ISBN 978-626-374-582-7（平裝）

1. 職場成功法　　2. 人際關係

494.35　　　　　　　　　　　　　　　　　　　　　　　　　　　112018475

BIG 叢書 429

朋友與敵人——哥倫比亞大學╳華頓商學院聯手，教你掌握合作與競爭之間的張力，當更好的盟友與更令人敬畏的對手（暢銷新裝版）

Friend & Foe: When to Cooperate, When to Compete, and How to Succeed at Both

作者　亞當‧賈林斯基 Adam Galinsky、莫里斯‧史威瑟 Maurice Schweitzer｜譯者　許恬寧｜副總編輯　陳家仁｜編輯　黃凱怡｜企劃　洪晟庭｜封面設計　江孟達｜總編輯　胡金倫｜董事長　趙政岷｜出版者　時報文化出版企業股份有限公司　108019 台北市和平西路三段 240 號 4 樓　發行專線—(02)2306-6842　讀者服務專線—0800-231-705‧(02)2304-7103　讀者服務傳真—(02)2304-6858　郵撥—19344724 時報文化出版公司　信箱—10899 臺北華江橋郵局第 99 信箱　時報悅讀網—http://www.readingtimes.com.tw｜法律顧問　理律法律事務所 陳長文律師、李念祖律師｜印刷　勁達印刷有限公司｜初版一刷　2017 年 3 月 31 日｜二版一刷　2023 年 12 月 8 日｜定價　新台幣 450 元｜缺頁或破損的書，請寄回更換

時報文化出版公司成立於一九七五年，並於一九九九年股票上櫃公開發行，於二〇〇八年脫離中時集團非屬旺中，以「尊重智慧與創意的文化事業」為信念。